Monika Niehaus/Michael Wink
Warum kopflose Männchen die besseren Liebhaber sind

Monika Niehaus/Michael Wink

Warum kopflose Männchen die besseren Liebhaber sind

Sex und Fortpflanzung im Tierreich

HIRZEL

*Aus stilistischen Gründen stehen allgemeine Ausdrücke wie die Personalpronomen »er« und »sie« immer für Frauen, Männer und andere. Das grammatische Geschlecht spiegelt nicht das biologische oder soziale wider.

Bibliografische Information der Deutschen Nationalbibliothek
Die Deutsche Nationalbibliothek verzeichnet diese Publikation in der Deutschen Nationalbibliografie; detaillierte bibliografische Daten sind im Internet unter https://portal.dnb.de abrufbar.

Jede Verwertung des Werkes außerhalb der Grenzen des Urheberrechtsgesetzes ist unzulässig und strafbar. Dies gilt insbesondere für Übersetzungen, Nachdruck, Mikroverfilmung oder vergleichbare Verfahren sowie für die Speicherung in Datenverarbeitungsanlagen.

1. Auflage 2024
ISBN 978-3-7776-3384-8 (Print)
ISBN 978-3-7776-3562-0 (E-Book, epub)

© 2024 S. Hirzel Verlag GmbH
Maybachstraße 8, 70469 Stuttgart
Printed in Germany

Lektorat: Angela Meder, Stuttgart
Umschlaggestaltung: semper smile, München
Umschlagmotiv: © Shutterstock/bc21
Satz: abavo GmbH, Buchloe
Druck und Bindung: Drukarnia dimograf, Białsko-Biala

www.hirzel.de

Inhalt

Sex und Gender: eine Vorbemerkung in eigener Sache 7

Vorwort 9
Sex und Fortpflanzung:
Alles, was evolutionär Erfolg hat, setzt sich durch 9
Die großen Fragen 11

Zwei Geschlechter oder
warum »Sex sells« auch in der Evolution gilt 14
Aus eins mach zwei, ganz ohne Sex 14
Besser klappt's im Team: Männchen und Weibchen 16
Warum sind nicht alle Tiere Zwitter? 32
Weibchen allein tun's auch:
Jungfernzeugung (Parthenogenese) 34
Wie das Leben so spielt 37

Paarungssysteme: wer mit wem und wie vielen? 53
Alles im Angebot: von häufigem Partnerwechsel bis zur festen
Paarbindung 54
Partnersuche: Cherchez la femme (meistens jedenfalls) 60
Damenwahl und das Handicap-Prinzip 63
Wie das Leben so spielt 67

Die Vaterschaft sichern: Spermienkonkurrenz 107
Woran erkennt ein Männchen ein empfängnisbereites
Weibchen? 107
Wie das Leben so spielt 112

Interessenkonflikt der Geschlechter 126
Wie das Leben so spielt 126

Sex bizarre 162
Kraken: Ein Penis geht auf Reisen 162
Spermiencocktail gefällig, meine Liebe? 164

Von falschen Eiern und eingeschmuggelten Spermien:
Maulbrüter ... 164
Wenn Weibchen aufreiten und Männchen penetriert werden:
Staubläuse ... 165
Wolbachia, das Herodesbakterium ... 168
Toxoplasma und die fatale Anziehungskraft von Katzenurin ... 169
Glühwürmchen: Vorsicht, Sexfalle! ... 171

Epilog: Der Coolidge-Effekt oder der Reiz des Seitensprungs ... 174

Danksagung ... 177

Glossar ... 179

Literatur ... 195

Anmerkungen ... 209

Register ... 229

Sex und Gender:
eine Vorbemerkung in eigener Sache

Wir sind beide Biologen. Wenn wir über Geschlechter im Tierreich schreiben, dann meinen wir das biologische Geschlecht und verwenden den englischen Begriff *Sex*.

Ganz allgemein nennen Biologen das Geschlecht, das Spermien produziert, das männliche, und das andere Geschlecht, das Eizellen erzeugt, das weibliche. Was Wirbeltiere angeht, so sind rund 99 Prozent aller Arten getrenntgeschlechtlich: Es gibt also Männchen und Weibchen. Bei Säugetieren, zu denen auch der Mensch gehört, zeichnen sich die Spermien produzierenden Männchen durch die Geschlechtschromosomen-Kombination XY aus, die Eizellen erzeugenden Weibchen durch XX. Und aus der Verbindung von einem Spermium mit einer Eizelle kann neues Leben entstehen.

Mehr Geschlechter als diese beiden kennt die Biologie nicht. Zwitter, wie sie bei Fischen vorkommen, oder Intersexe beim Menschen (ein Fall auf 20 000 Geburten), die durch seltene Chromosomenabweichungen oder auch durch Entwicklungsstörungen entstehen können, weisen männliche wie weibliche Merkmale auf. Sie stellen kein drittes Geschlecht dar, wie die Biologin und Nobelpreisträgerin Christiane Nüsslein-Volhard in einem Interview kürzlich betonte.

Innerhalb eines Geschlechts kann es eine hohe Vielzahl von Ausprägungen geben, die unter anderem auf Chromosomen-Aberrationen, hormonelle Einflüsse und Umweltfaktoren zurückgehen. Beim Menschen kommen weitere soziobiologische und kulturelle Faktoren hinzu, die das Erleben der eigenen Geschlechtsidentität beeinflussen; wenn dieser Aspekt im Vordergrund steht, spricht man vom »sozialen Geschlecht« oder nach dem englischen Begriff von *Gender*. Das soziale Geschlecht ist im Unterschied zum biologischen Geschlecht nicht binär, sondern vielfältig – divers[1].

So veränderlich die äußere Erscheinung eines Lebewesens, die Biologen als Phänotyp bezeichnen, auch sein kann, der Genotyp eines Individuums ist unveränderbar – so kann bei Säugern aus XX niemals XY werden und umgekehrt. Um es noch einmal zu betonen und Missverständnissen vorzubeugen: In diesem Buch geht es ausschließlich um das *biologische* Geschlecht (Sex), das bei den allermeisten Tieren von Geburt an festliegt, und um die Fortpflanzung in ihrer schier unendlichen Vielfalt.

Vorwort

Sex und Fortpflanzung: Alles, was evolutionär Erfolg hat, setzt sich durch

Sex und Fortpflanzung im Tierreich – zu dem biologisch auch der Mensch gehört – sind ein schier unerschöpfliches Thema, denn es gibt auf diesem Gebiet mit unüberschaubarer Vielfalt wirklich nichts, was es nicht gibt: von Kamasutra (Bonobos) bis Kamikaze (Spinnenmännchen) ist wirklich alles dabei. Wussten Sie, dass manche Tiere vom Küssen tatsächlich schwanger werden können? Oder durch Trinken eines Spermiencocktails? Oder dass sich vorgeburtlicher Sex durchaus lohnen kann?

Kein Zitat in der Biologie ist wohl so berühmt wie der Ausspruch von Theodosius Dobzhansky (1900–1975): »Nichts in der Biologie ergibt Sinn außer im Licht der Evolution.« Wie bizarr manche Fortpflanzungsweisen uns auch erscheinen mögen – die Evolution kennt bei Sex und Fortpflanzung keinerlei menschliche Moral, sondern nur eine einzige Währung: möglichst viele fitte Nachkommen, die die elterlichen Gene weiterverbreiten. Dabei kommt es nicht nur auf die Anzahl, sondern auch auf die Qualität *(Fitness)* der Nachkommen an.

Die Evolutionsbiologie, die 1859 von dem englischen Naturforscher Charles Darwin mit der Publikation der »Origin of Species« begründet wurde, ist vor allem eine historische Wissenschaft. Wie die Astronomie, die den Beginn des Universums erforscht, können Evolutionsbiologen in der Regel keine Experimente machen, um die Richtigkeit ihrer Hypothesen zu belegen – sie müssen sich auf Beobachtungen, Plausibilität und ihr biologisches Fachwissen verlassen.

Darwin hatte erkannt, dass alle Organismen auf gemeinsame Vorfahren zurückgehen, mit denen sie eine gemeinsame Stammesgeschichte (Phylogenie) teilen. Er hatte auch den Mechanismus entdeckt, durch den evolutionäre Veränderungen (also neue Arten entstehen) zustande kommen, die natürliche Selektion. Sie sorgt dafür, dass in einer Population diejenigen Individuen überleben und sich fortpflanzen, die am besten an die Umweltbedingungen angepasst sind[2].

Dabei lautet die Frage stets: Warum könnte dieses oder jenes Merkmal beziehungsweise System von der natürlichen Selektion gefördert worden sein? Worin liegt sein Vorteil? Viele anatomische, physiologische und verhaltensbiologische Merkmale sind optimierte Anpassungen an bestimmte Lebensumstände und dienen dazu, den Fortpflanzungserfolg des jeweiligen Geschlechts zu steigern. Man könnte auf den ersten Blick von einem gezielten, also teleologischen Prozess ausgehen, der zu einer spezifischen Angepasstheit führte. Die natürliche Selektion hat jedoch kein vorgegebenes Ziel; wie Justitia ist sie blind und lässt die Individuen überleben, die mit den herrschenden Lebensbedingungen am besten zurechtkommen.

Damit die natürliche Selektion auswählen kann, braucht es genetische Variabilität. Wären alle Individuen gleich, gäbe es keine Auswahl. Doch woher kommt die genetische Variabilität? Dafür gibt es zwei Ursprünge: Mutationen und Sex. Mutationen im Erbgut, also in der DNA, erfolgen zufällig; viele sind neutral, manche positiv, andere negativ. Sie sorgen bei den Organismen mit ungeschlechtlicher Fortpflanzung und großer Individuenzahl für die notwendige Variabilität. Noch mehr Variabilität wird durch eine zweigeschlechtliche Fortpflanzung erreicht, durch die bereits vorhandene Gene zweier Individuen neu kombiniert werden. Bei der Reifeteilung

(Meiose) der Geschlechtszellen erhöht die Rekombination die genetische Variabilität (siehe Seite 20 ff.). Rekombination findet auch bei der eingeschlechtlichen Fortpflanzung statt; bei einer echten Parthenogenese (siehe Glossar), bei der die Jungen aus unbefruchteten Eizellen schlüpfen, kommen zwar keine neuen Gene hinzu, jedoch führt eine Neuanordnung mütterlicher Gene bei der Reifeteilung zu genetisch unterschiedlichen Nachkommen (siehe Glossar).

Festzuhalten bleibt, dass die Evolution keinem Masterplan folgt. Welche Merkmale variabel sind und selektiert werden, unterliegt dem Zufallsprinzip, der Lotterie des Lebens. Meist existiert zudem nicht nur eine einzige evolutionäre Lösung für ein Problem, sondern mehrere. Für die Evolution von Fortpflanzungssystemen und -strategien gab es offenbar zahlreiche, höchst verschiedene und manchmal bizarre Optionen. Darum geht es in diesem Buch.

Aber nicht nur Fortpflanzungssysteme machen eine Evolution durch, sondern auch wissenschaftliche Erkenntnisse und Perspektiven verändern sich. Und manches, was wir Ihnen als Erklärung für Geschlechtswandel, flexible Paarungssysteme und extreme Fortpflanzungsverhaltensweisen präsentieren, ließe sich auch anders deuten. Autoren (und sicher auch wir) neigen zur Vereinfachung und Verallgemeinerung. Zudem ist eine Prise Subjektivität immer dabei, wenn man die Angepasstheit oder die Funktion eines Merkmals zu erklären versucht. Aber das macht die Sache ja gerade interessant. Denken Sie einfach mit und ziehen Sie Ihre eigenen Schlüsse aus den geschilderten Fakten.

Die großen Fragen

Wer über Sex im Tierreich schreibt, braucht ob der unglaublichen Vielfalt der Natur viel Mut zur Lücke, denn es gibt rund 1,6 Millionen Tierarten und damit schier unzählige Möglichkeiten zur Variation des Grundthemas Sex und Fortpflanzung. Dabei denken die meisten Leser bei Tieren sicherlich vor allem an Säugetiere, Vögel, Reptilien und Amphibien. Diese drei Gruppen umfassen jedoch nur

rund 35 000 Arten, eine recht kleine Zahl, wenn man die übrigen 1,6 Millionen Arten von vorwiegend wirbellosen Tieren betrachtet. Wir wollen uns in diesem Buch in verständlicher Form auf einige grundsätzliche Antworten beschränken und diese mit anschaulichen, interessanten Beispielen und aktuellen Erkenntnissen nicht nur von Wirbeltieren, sondern auch von Wirbellosen illustrieren, die bei Fragen zur sexuellen Selektion manchmal vernachlässigt wurden.
- Warum gibt es im Tierreich zwei Geschlechter?
- Warum gibt es Sex, wenn man sich doch auch ungeschlechtlich fortpflanzen kann?
- Warum sind beide Geschlechter in der Regel in Männchen und Weibchen getrennt, wo es Zwitter rein rechnerisch doch auf doppelt so viele Nachkommen bringen können?
- Warum ist eingeschlechtliche Fortpflanzung (Jungfernzeugung) relativ selten? Das heißt: Wann sind Männchen verzichtbar?

Männchen und Weibchen müssen zwar an einem Strang ziehen, wenn sie erfolgreich Nachwuchs produzieren wollen, investieren aber häufig ganz unterschiedlich viel Energie in dieses Joint Venture, denn es geht darum, die eigene Fitness zu maximieren. Generell gilt, dass langlebige Arten weniger Energie in den jährlichen Reproduktionsaufwand investieren als kurzlebige Arten, die alles auf eine Karte setzen müssen. Die Gesamtzahl aller Nachkommen eines Individuums wird als Lebens-Fortpflanzungserfolg (lifetime reproductive success) bezeichnet. Bei sehr vielen Arten treffen sich Männchen und Weibchen lediglich zur Paarung; danach gehen die Männchen wieder ihre eigenen Wege. Aber es gibt auch Sozialsysteme, in denen Männchen und Weibchen Paare bilden, die sich bei der Aufzucht des gemeinsamen Nachwuchses gegenseitig unterstützen.

Obwohl beide Geschlechter das gleiche Ziel haben, stellt sich für sie die Frage:
- Wie verteilen sich die Kosten (Betreuung des Nachwuchses) für den Fortpflanzungserfolg auf die beiden Geschlechter?

Die Antwort auf diese Frage hängt eng mit dem jeweiligen Paarungs- und Fortpflanzungssystem zusammen: äußere oder innere Befruchtung? Polygamie oder Monogamie? Matriarchat oder Patriarchat? Ein wichtiger Punkt dabei ist, dass sich die Weibchen ihrer Mutterschaft sicher sein können, die Männchen der meisten Arten hingegen ihrer Vaterschaft nicht[3]. Aus der unsicheren Vaterschaft ergeben sich etliche Konflikte zwischen den Geschlechtern, die wir erörtern werden.

Und daran schließt sich eine Doppelfrage an:
- Wann lohnt es sich für den Fortpflanzungserfolg, das Geschlecht zu wechseln? Einige meereslebende Fischarten tun dies ganz routiniert und mit großem Erfolg – warum aber nicht auch andere Wirbeltiere wie Säugetiere und Vögel?

Den Abschluss bilden einige Storys über ausgefallenes sexuelles Verhalten, die einfach zu gut sind, um nicht erzählt zu werden – schüchterne Galans, die ihren Penis allein zum Rendevous schicken, Penisträgerinnen, die Männchen penetrieren, parasitische Strippenzieher, die das Geschlecht ihrer Wirte manipulieren, und einiges mehr ...

Da sich bei all den Irrungen und Wirrungen der Fortpflanzung Fachausdrücke nicht vermeiden lassen – und auch, weil Biologen ihre Fachausdrücke *lieben* –, schließt sich ein ausführliches Glossar an. Zu vielen Themen hatten wir noch weiterführende Informationen, die wir in den »Anmerkungen« dokumentiert haben.

Bei unserem kleinen Streifzug durch die vielfältigen Fortpflanzungsstrategien im Tierreich[4] wünschen wir Ihnen eine ebenso interessante wie unterhaltsame Lektüre.

Monika Niehaus, Düsseldorf
Michael Wink, Dossenheim,   *im Frühjahr 2024*

Zwei Geschlechter
oder warum »Sex sells« auch in der Evolution gilt

Der kürzlich verstorbene amerikanische Philosoph Daniel Dennett eröffnete einen Vortrag in Heidelberg mit dem Bild eines Bullen und stellte dazu eine provokante Frage: Was ist das Ziel des Lebens? Würden wir den Bullen fragen, so würde er sicher antworten: mehr Rindviecher produzieren. Damit betonte Dennett die Bedeutung der Fortpflanzung als dominantes Thema für Leben und Evolution. Alle Organismen sind mit einem ausgeprägten angeborenen Fortpflanzungstrieb ausgestattet, der dafür sorgt, dass sich die Geschlechter finden und Nachwuchs produzieren, denn wer seine Gene weitergeben will, muss sich fortpflanzen. Aus Sicht der Evolution ist dies das Ziel des Lebens, ganz gleich, ob für Tier oder Mensch.

Aus eins mach zwei, ganz ohne Sex

Wir wissen, dass alle heute lebenden Organismen sich aus Vorläuferarten ableiten und bis zur ersten Zelle in einer kontinuierlichen Lebenslinie stehen, dem Stammbaum des Lebens. Zellen bilden die Grundbausteine des Lebens. Seit Entstehung der »Urzelle« vor rund 3,6 Milliarden Jahren sind alle heute lebenden Zellen ausschließlich durch Teilung entstanden. Dies ist ein grundlegendes Lebensprinzip, das für Einzeller, aber auch für Mehrzeller gilt, von der Qualle über den Schmetterling bis zum Menschen. Auf den deutschen Arzt

Wenn man einen Bullen nach dem Sinn des Lebens fragen würde, würde er antworten: »Mehr Rindviecher produzieren.« (Foto: Usien, Wikimedia Commons)

Rudolf Virchow (1821–1902) geht das entsprechende Postulat »Jede Zelle entsteht aus einer Zelle« zurück, das bis heute Bestand hat. Ob die Urzelle auf der Erde entstand oder durch Meteoriten von einem anderen belebten Planeten im Universum zu uns kam (wofür einiges spricht), ist wissenschaftlich eine offene Frage.

Das Prinzip der einfachen Zellteilung gilt auch für die ungeschlechtliche Fortpflanzung. Am simpelsten geht dies nach Amöbenart: Hat eine Amöbe[5], die nur aus einer einzigen Zelle besteht, eine bestimmte Größe erreicht, verdoppelt sie ihre Zellorganellen wie den Zellkern und schnürt sich anschließend in der Mitte durch. Jetzt gibt es zwei genetisch identische Kopien von ihr, wenn auch in etwas kleinerer Ausführung – aus eins mach zwei, ganz ohne Sex.

Dieses einfache ursprüngliche Prinzip funktioniert – nicht nur bei Amöben, die schon seit vielen Hundert Millionen Jahren existieren, sondern auch bei den in allen Lebensräumen heimischen Bakterien, die bereits seit 3,6 Milliarden Jahren die Erde besiedeln. Die ungeschlechtliche Vermehrung spart Zeit und Mühen der Partnersuche und produziert in der Regel Nachwuchs, der dem Ausgangsindividuum zu 100 Prozent gleicht, während bei Tieren mit geschlechtlicher Fortpflanzung jeder Partner nur die Hälfte seiner eigenen Gene weitergeben kann. Während die Populationsentwicklung bei asexueller Fortpflanzung gewöhnlich sehr schnell verläuft, ist sie bei sexueller Vermehrung deutlich langsamer. Der Vorteil einer höheren genetischen Vielfalt bei der geschlechtlichen Fortpflanzung kann bei Organismen mit ungeschlechtlicher Fortpflanzung dadurch ausgeglichen werden, dass sie zahlenmäßig deutlich größere Populationen bilden. Dort entsteht genetische Variation durch Gen- und Genommutationen, an denen die natürliche Selektion ansetzen kann. So sind Anpassungen an sich verändernde Umweltbedingungen möglich.

Besser klappt's im Team: Männchen und Weibchen
Die allermeisten Vielzeller haben im Lauf ihrer Evolution zwei Geschlechter entwickelt – ein Geschlecht, das relativ wenige, große und unbewegliche Geschlechtszellen erzeugt, und ein zweites Geschlecht, das zahlreiche kleine, bewegliche Geschlechtszellen produziert: Das erste Geschlecht bezeichnen wir als weiblich und die Geschlechtszellen als Eizellen oder Eier, das zweite als männlich und die Geschlechtszellen als Samenzellen oder Spermien. Damit es zur Fortpflanzung kommt, müssen Ei- und Samenzellen zueinanderfinden; bei ihrer Verschmelzung entsteht eine befruchtete Eizelle, aus der sich dann ein Embryo entwickelt – dazu müssen aber zunächst Männchen und Weibchen zusammenfinden und Sex haben (geschlechtliche oder bisexuelle Fortpflanzung).

Mehr als 99 Prozent aller heute lebenden Tierarten pflanzen sich geschlechtlich fort; nur ein kleiner Bruchteil (rund 0,2 Prozent) setzt auf ungeschlechtliche Vermehrung[6]. Wenn in der Evolution der Weg zur zweigeschlechtlichen Fortpflanzung eingeschlagen wurde, wurde er nur ausnahmsweise wieder aufgegeben oder abgewandelt (zum Beispiel durch eingeschlechtliche Fortpflanzung). Die sexuelle Fortpflanzung hat jedoch ihren Preis – mit ihr kommt der Tod ins Spiel. Amöben, die sich ungeschlechtlich teilen, sind genetisch identisch (Klone) und damit potenziell unsterblich, denn sie teilen sich einfach immer weiter. Organismen, die sich sexuell fortpflanzen, bringen hingegen Nachkommen hervor, die anders sind als sie selbst; ihre Existenz beschränkt sich auf die eigene Lebenszeit – sie sind sterblich.

Geschlechtsbestimmung: Gene und Umwelt

Die zweigeschlechtliche Fortpflanzung ist offenbar ein Erfolgsrezept der Evolution, aber wie funktioniert sie in der Praxis? Was entscheidet eigentlich über das Geschlecht, mit dem ein Tier geboren wird?

Die Frage ist gar nicht so leicht zu beantworten, aber im Prinzip gibt es drei Möglichkeiten: Entweder sind es Umweltfaktoren oder das Geschlecht wird genetisch bestimmt – oder beides wird kombiniert. Das gilt ganz allgemein sowohl für Wirbeltiere als auch für Wirbellose.

Geschlechtsbestimmung bei Wirbeltieren: eine knifflige Angelegenheit

Wie bereits erwähnt, gibt es bei den allermeisten Wirbeltieren – darunter sämtliche Säuger und Vögel[7] – zwei getrennte Geschlechter, die lebenslang konstant bleiben. Vögel wie Säuger stammen von gemeinsamen Reptilienvorfahren ab. Bei Säugern, wie beim Menschen, wird das Geschlecht von den Geschlechtschromosomen (Gonosomen) X und Y – XX im weiblichen und XY im männlichen Geschlecht – bestimmt[8]. Das X-Chromosom[9] wurde bereits 1899 entdeckt. Da man seine Funktion nicht kannte, nannte man es den X-Faktor. Als das kleinere Y-Chromosom[10] Mitte des 20. Jahrhunderts entdeckt wurde, nahm man den nächsten Buchstaben im Alphabet, also Y.

Unsere Reptilienvorfahren hatten noch keine Geschlechtschromosomen; X und Y waren nur ein gewöhnliches Chromosomenpaar, bis das männlichkeitsbestimmende Gen SRY/Sry *(sex determining region of Y chromosome)* vor rund 200 Millionen Jahren auf dem Y-Chromosom landete. Daraufhin begann das Y-Chromosom diejenigen Gene, die es mit dem X-Chromosom gemeinsam hatte, peu à peu zu entsorgen, bis es im Vergleich zu früher nur noch ein Winzling war. Das Individuum, das dieses Gen besitzt, wird ein Männchen. Über das SRY-Gen werden nicht nur Gene auf dem Y-Chromosom, sondern auch auf den Nicht-Geschlechtschromosomen, den Autosomen, reguliert.

Zum Überleben braucht man das Y-Chromosom definitiv nicht – immerhin kommt die Hälfte einer Population »ohne« aus: Man nennt diese Hälfte Weibchen oder Frauen.

Das XY-System leitet sich von einem normalen Chromosomenpaar (Autosomen) unserer Reptilienvorfahren ab, die keine Geschlechtschromosomen besaßen, sondern ihr Geschlecht von der Temperatur bestimmen ließen, bei der die Eier ausgebrütet wurden. Bei höheren Bebrütungstemperaturen entstehen vor allem Weibchen, bei niedrigen Männchen. Bis heute weisen die meisten urtümlichen Reptilien, zum Beispiel Krokodile, Brückenechsen und die Mehrzahl der Schildkröten, keine Geschlechtschromosomen auf.

Bei den Vögeln heißen die Geschlechtschromosomen W und Z, und die Weibchen haben zwei unterschiedliche Gonosomen (ZW), die Männchen zwei gleiche (ZZ)[11, 12]. Dieses ZW-System leitet sich von einem anderen Autosomenpaar unserer Reptilienvorfahren ab. Ein ZZ/ZW-System gibt es auch bei Schmetterlingen, Schnecken, selten bei Reptilien und Fischen.

Bei Säugern reicht ein einziges (Y-)Chromosom aus, um ein Männchen zu schaffen, warum brauchen Vogelmännchen zwei gleiche Z-Chromosomen? Nun, bei Säugern ist die Grundeinstellung weiblich – ohne männlichkeitsbestimmendes SRY-Gen (siehe oben) entsteht ein Weibchen. Nur wenn SRY aktiv ist, entwickeln sich männliche Geschlechtsorgane. Bei Vögeln ist es anders, da entscheidet die Dosis des Sexgens DMRT1 über das Geschlecht. Vogelembryonen, die lediglich eine einzige Dosis erhalten, werden zu Weibchen; nur die doppelte Dosis, also zwei Kopien des Gens, führen zu einem Männchen.

Bei Amphibien kommen stets Geschlechtschromosomen (XX/XY; ZZ/ZW) vor. Auch bei den meisten Fischen wird das Geschlecht genetisch determiniert (XX/XY und ZZ/ZW). Eine Geschlechtsbestimmung über Merkmale des Lebensraums *(environmental sex determination*, ESD), wie sozialer Status, Temperatur, Nahrungsangebot usw., kommt jedoch ebenfalls vor. Fischgruppen, deren Geschlechtsbestimmung über solche umweltbezogenen Faktoren läuft, haben meist keine Geschlechtschromosomen. Aber selbst dann, wenn das Geschlecht genetisch determiniert ist, muss es nicht von spezialisierten Geschlechtschromosomen abhängen, sondern die Gene, die für die Geschlechtsbestimmung einer Rolle spielen, können sich über das ganze Genom verteilen. Eine solche polygenetische Geschlechtsbestimmung ist ebenfalls bei manchen Fischarten verbreitet. Fische haben unter den Wirbeltieren eindeutig das breiteste und bunteste Spektrum von Geschlechtsbestimmungs- und Paarungssystemen (siehe Seite 88 ff.).

Geschlechtsbestimmung bei Wirbellosen: eine schier unüberschaubare Vielfalt

Wirbeltiere bilden jedoch nur einen winzigen Ausschnitt unter den bekannten 1,5 Millionen (geschätzt sind es acht Millionen) Tierarten auf der Erde – die allermeisten Tierarten gehören zu den Wirbellosen. Und ihre Geschlechtsbestimmung ist ebenso vielfältig wie komplex. Neben genetischen Faktoren (Geschlechtschromosomen, polygenetische Geschlechtsbestimmung) sowie umweltbedingten Faktoren (Temperatur, Photoperiode, Populationsdichte etc.) oder einer Mischung aus beidem gibt es bei Wirbellosen Systeme, bei denen das Geschlecht von der Anzahl der Chromosomensätze abhängt (XX/X0-System), das väterliche Genom inaktiviert wird, das Geschlecht gar von intrazellulären Parasiten wie *Wolbachia* bestimmt wird ... lassen wir es dabei. Bei vielen Gliederfüßern wie Insekten, Spinnen- und Krebstieren (Arthropoden) fehlen Sex-Chromosomen; bei Ameisen, Bienen, Wespen und Rädertierchen entstehen aus unbefruchteten Eiern Männchen, aus befruchteten Weibchen.

Männchen ohne genetische Mutter: Feuerameisen

Die wohl bizarrste Form der Geschlechtsbestimmung findet sich bei der Kleinen Feuerameise (*Wasmannia auropunctata*). Bei dieser Art werden die Königinnen parthenogenetisch erzeugt, haben also keinen Vater. Männchen entstehen hingegen aus befruchteten Eiern (was bei Ameisen ungewöhnlich ist), aber solchen, bei denen das genetische Material des Weibchens durch einen genetischen Mechanismus in der befruchteten Eizelle entfernt wird. Daher haben Männchen keine genetische Mutter, sondern nur einen Vater. Die sterilen Arbeiterinnen schlüpfen aus befruchteten Eiern, in denen das genetische Material der Mutter erhalten bleibt. Das höchst ungewöhnliche Ergebnis dieses Systems führt dazu, dass diese Art genetisch völlig eigenständige Linien von reproduktiven Männchen und Weibchen enthält.

Genetische Vielfalt erwünscht: Zwei Geschlechter sind von Vorteil

Einen Geschlechtspartner zu suchen und sich mit ihm zu paaren, kostet Zeit und Energie (siehe Abschnitt Partnersuche). Warum sie investieren, wenn's auch einfacher geht, wie bei Einzellern? Wie bereits erwähnt, liefert die darwinsche Evolutionstheorie eine plausible Erklärung. Sie besagt, dass Arten und ihre Merkmale durch natürliche Auslese (Selektion) entstehen. Eine solche Selektion ist aber nur möglich, wenn es etwas auszulesen gibt, das heißt, wenn sich die einzelnen Individuen innerhalb einer Gruppe beziehungsweise Population unterscheiden. Somit ist Variabilität eine notwendige Voraussetzung für die Evolution.

Diese Unterschiede innerhalb einer Population, an denen die natürliche Selektion angreift, entstehen durch Mischung des elterlichen Erbguts – der männlichen und weiblichen Gene – bei Bildung der Gameten (Keimzellen: Eizellen und Spermien) und bei der Befruchtung (siehe Kasten).

Chromosomensätze, einfach oder im Doppelpack

Die Vermischung der väterlichen und mütterlichen Gene erfolgt während der Reduktionsteilung, also dem Prozess, bei dem die Geschlechtszellen mit einem einfachen (haploiden) Chromosomensatz gebildet werden (Meiose). Durch einen als Rekombination bezeichneten Prozess wird die Genzusammensetzung der Chromosomen gemischt. Diese neu gemischten Chromosomen werden nun zufällig auf die Spermien beziehungsweise die Eizellen verteilt; sie enthalten somit eine Chromosomenmischung der großväterlichen und großmütterlichen Linie. Bei der Befruchtung kommen nun die bereits vermischten haploiden Genome der Mutter und des Vaters zusammen und erzeugen Nachwuchs mit einem doppelten (diploiden) Chromosomensatz, der sich genetisch von dem der Eltern unterscheidet; auch die beiden Chromosomensätze unterscheiden sich daher voneinander. Nur eineiige Zwillinge (beim Menschen weniger als zehn Prozent aller Zwillinge) sind genetisch weitgehend identisch, denn hier teilt sich die befruchtete Eizelle in zwei identische Kopien, von denen jede einen Embryo bildet. Bei den zweieiigen Zwillingen wird jeder Embryo durch ein anderes Spermium befruchtet, das sogar von zwei verschiedenen Vätern stammen kann.

Die Währung der Evolution sind fitte Nachkommen, und in diesem »fit« steckt auch »genetisch vielfältig«, denn eine hohe genetische Variabilität des Nachwuchses streut das Risiko und erhöht die Chance, dass sich zumindest einige Nachkommen an veränderte

Umweltbedingungen anpassen, eine bessere Resistenz gegen Krankheiten erwerben und später ihrerseits die elterlichen Gene weitergeben können. Halten wir fest: Es gibt zwei Geschlechter und sexuelle Fortpflanzung, weil diese Strategie für mehr Variabilität sorgt als eine ungeschlechtliche Fortpflanzung durch einfache Teilung. So lautet die Theorie – in der Praxis ist die Sache, wie eigentlich immer, etwas komplizierter ...

Warum nur zwei Geschlechter?

Wenn Vielfalt für die Evolution so wichtig ist, warum gibt es im Tierreich lediglich zwei Geschlechter und nicht drei oder vier, was für eine noch viel größere Bandbreite sorgen würde?[13] Nun, hier kommt Ockhams Rasiermesser ins Spiel, ein Prinzip, das besagt, dass einfache Lösungen eher verwirklicht werden als komplizierte. Zudem ist die Natur eine sparsame Haushälterin. Aus den 23 menschlichen Chromomen lassen sich theoretisch mehr als acht Millionen genetisch unterschiedliche Keimzellen erzeugen – zwei Geschlechter reichen offensichtlich aus, um innerhalb einer Art die notwendige Vielfalt herzustellen, auf die die Selektion einwirken kann. Mehr Geschlechter sind evolutionsbiologisch einfach nicht nötig!

Draußen oder drinnen?

Das Zusammenfinden von Eizellen und Spermien kann prinzipiell auf zwei Weisen erfolgen. Bei der äußeren Befruchtung, wie sie bei vielen wasserlebenden Tieren von Korallen bis zu zahlreichen Fischarten und Amphibien zu finden ist, werden oft riesige Mengen von Ei- und noch mehr Samenzellen (über hundert Milliarden beim Lachs) synchron ins Wasser abgegeben, und die Befruchtung erfolgt außerhalb des weiblichen Körpers. Dabei erhöht die große Anzahl von Gameten die Wahrscheinlichkeit, dass zumindest einige zusammenfinden und eine befruchtete Eizelle (Zygote) bilden können.

Bei der inneren Befruchtung ist der Verdünnungseffekt geringer, doch müssen die Spermien dafür in den Körper des Weibchens gelangen und dort ihren Weg zur Eizelle finden, um sie zu besamen. Bei Arten mit innerer Befruchtung haben die Männchen oft ein spezielles Organ entwickelt, mit dem sie ihre Spermien einführen, einen Penis; dazu gehören auch einige Fischgruppen (siehe unten). Vor allem bei landlebenden Arten, von Insekten bis zu den Wirbeltieren, ist eine innere Befruchtung verbreitet, teils mit (Reptilien, Säuger), teils ohne Penis (die meisten Vögel).

Es muss zusammenpassen
Männliche Geschlechtsorgane (Wirbeltiere)
Die männlichen Keimzellen, die Spermien, werden in den Hoden[14] produziert, die bei Wirbeltieren stets paarig sind und in der Regel (Fische, Amphibien, Reptilien, Vögel) im Inneren des Körpers liegen. Die meisten Säugetiere tragen die Hoden außerhalb des Körpers in einem Hodensack (Skrotum)[15]. Durch diese Verlagerung der Hoden liegt ihre Temperatur unterhalb der Körpertemperatur von 37 °C – möglicherweise deshalb, weil Spermienzellen bei erniedrigten Temperaturen länger überleben und auf Vorrat produziert und gespeichert werden können (wichtig bei promisken Arten, siehe Seite 68). Bei vielen Tieren, insbesondere bei Vögeln, sind die Hoden nur während der Fortpflanzungszeit deutlich entwickelt; im übrigen Jahr, wenn sie nicht zur Spermienproduktion gebraucht werden, sind sie sehr klein und inaktiv – das spart Energie und Gewicht (für ein fliegendes Tier nicht unwichtig).

Die in den Hoden produzierten Spermien gelangen bei penistragenden Wirbeltieren über den Samenleiter in den Penis und werden bei der Paarung (Kopulation) in die Scheide (Vagina) eines Weibchens übertragen. Der Penis der Säugtiere ist im Ruhezustand klein. Bei sexueller Erregung füllen sich die Schwellkörper mit Blut und der Penis erigiert zu seiner vollen Größe (Phallus). Dabei variiert die Penislänge stark zwischen verschiedenen Arten.

Kommt es zum Orgasmus, wird das Sperma ejakuliert. Danach können die Männchen einiger Arten weiter aktiv sein; häufig tritt aber eine Ruhepause ein, in der der Penis erschlafft und sich zusammenzieht.

Das fünfte Bein

Beeindruckend ist die Penislänge bei langbeinigen Säugetiermännchen wie bei Rindern, Pferden, Hirschen und Elefanten. Diese Arten benötigen schon aus anatomischen Gründen einen langen Penis, um in die Vagina eines Weibchens gelangen zu können. Wer einmal in Afrika auf Safari war, kennt sicher den Wildhüter-Scherz: »Schaut Leute, der Elefant dort hat fünf Beine.«

Da ein Penis derart praktisch ist, hat er sich in der Evolution viele Male aus ganz verschiedenen Körperteilen in einer unglaublichen Größen- und Formenvielfalt entwickelt – gern auch im Doppelpack. So haben Schlangen und Eidechsen zwei davon, die als Hemipenisse bezeichnet werden, Haie haben zwei Hemipenisse, die sich von ihren Bauchflossen ableiten (»Klasper«), und Spinnenmännchen zwei Spermien einführende Organe (Pedipalpen), bei denen es sich um umgewandelte Mundwerkzeuge handelt (siehe Spinnen). Wenn man »Penis« nicht speziell als spermienübertragendes Organ, sondern ganz allgemein als Organ zur Übertragung von Geschlechtsprodukten definiert, dann gibt es so etwas übrigens auch bei Weibchen: Mittels eines solchen Organs packen weibliche Seepferdchen ihre Eier in die Bruttasche des Männchens (siehe Rollentausch, Seite 142) – und selbst Weibchen, die ihren Penis zum Spermatransfer gebrauchen, sind unlängst entdeckt worden (siehe Kapitel »Sex bizarre«).

Aber nicht alle Wirbeltiere haben einen Penis. Vielen Vogelarten (außer Laufvögeln, Schwänen, Entenvögeln) fehlt er völlig, manche haben nur einen kleinen Penis, der aber offenbar auch seinen Zweck erfüllt.[16, 17]

Männchen der Grünen Meerkatze mit auffällig gefärbtem Skrotum und Penis. Vermutlich dient dieses Präsentieren sowohl der territorialen Drohung als auch zur Demonstration der Dominanz. (Foto: Rod Waddington, Wikimedia Commons)

Bei einigen Affenarten sind Hodensack und Penis während der Fortpflanzungszeit auffällig bunt gefärbt, wie bei diesem Meerkatzenmännchen. Wenn ein wachhabendes Männchen fremde Artgenossen sieht, die in das Revier eindringen, bekommt es eine Erektion. Es gibt ein kulturelles Pendant: Manchmal zeigen traditionelle Statuen in unterschiedlichen Kulturen, denen man Wächterfunktion zuschreibt, Männer mit erigiertem Penis. Angeblich trugen junge reiche Römer einen erigierten Tonpenis *(fascium)* als Statussymbol bei sich.

Weibliche Geschlechtsorgane (Wirbeltiere)
Die weiblichen Keimzellen, die Eizellen oder kurz Eier, werden im Eierstock (Ovar) produziert; das Ovar ist gewöhnlich paarig, bei Vogelweibchen jedoch unpaarig – wahrscheinlich, weil die Eier recht groß sind. Nach der Paarung kann es sein, dass eine reife Eizelle auf ihrem Weg durch den Eileiter (auch davon gibt's zwei) von einem Spermium besamt wird, sich anschließend in der Gebärmutter einnistet und zu einem Embryo heranreift.

Die meisten Wirbeltiere haben keine gesonderte weibliche Geschlechtsöffnung, sondern einen gemeinsamen Ausgang für Verdauungs-, Geschlechts- und Ausscheidungsprodukte der Nieren (Urin); das nennt man eine Kloake. Bei fast allen Säugetieren ist das anders: Dort liegt die weibliche Geschlechtsöffnung zwischen den Öffnungen von Harnleiter und After und mündet über die Scheide (Vagina) nach außen. Wenn Sie bei einem höheren Säugetier also unschlüssig sind, ob Sie ein Weibchen oder Männchen vor sich haben, nur die Öffnungen zählen: zwei: Männchen, drei: Weibchen. (Natürlich gibt es wie so oft im Tierreich, eine Ausnahme: Weibliche Tüpfelhyänen haben keine Scheide, siehe Abbildung Seite 75.)

Das Tüpfelchen auf dem i: Orgasmus
Die Sache mit der Fortpflanzung funktioniert so gut, weil alle Tiere einen Fortpflanzungstrieb besitzen. Wie alle anderen Triebe will der Fortpflanzungstrieb befriedigt werden. Hier kommt der Orgasmus[18] ins Spiel. Männchen besitzen erregbare Nervenzellen an der Spitze des Penis; sie bilden die Eichel; das Pendant im weiblichen Geschlecht ist die Klitoris, wobei Eichel plus Schaft als Kitzler bezeichnet werden. Wird die Eichel/die Klitoris genügend stimuliert, so kommt es zum Orgasmus und beim Männchen gleichzeitig zur Ejakulation des Spermas.

Erstaunliche Wissenslücken

Es gibt erstaunlich viel, was wir über unsere näheren und ferneren Verwandten unter den Wirbeltieren in Bezug auf Sex nicht wissen, zum Beispiel über die sexuelle Anatomie von Schlangen. Zwar besitzen die Männchen entsprechend der beiden Scheiden der Weibchen einen zweigeteilten Penis, einen Hemipenis, galten bislang jedoch als unterkühlte Liebhaber, die bei der Paarung eher auf Vollzug statt auf beiderseitigen Lustgewinn setzten, denn schließlich fehlt den Weibchen eine Klitoris. So dachte man jedenfalls bis 2022, als die australische Evolutionsbiologin Megan Folwell bei den Weibchen einer häufigen australischen Giftschlange, der Todesotter *(Acanthophis antarcticus)*, eine wohlentwickelte, ebenfalls zweigeteilte Klitoris (Hemiklitoris) entdeckte – gut durchblutet und voller feiner Nervenenden.

Neugierig geworden, untersuchten sie und ihr Team acht weitere häufige Schlangenarten aus vier Familien und wurden jedes Mal fündig, wobei sie über die große Variationsbreite dieses weiblichen Lustorgans bei Schlangen staunten: Von kaum zu finden (Ingrams Braunschlange) bis sehr groß (Mexikanische Mokassinotter) war alles dabei. Warum dieses Organ vorher niemandem aufgefallen war, erklärt die Evolutionsbiologin damit, dass weibliche Geschlechtsorgane bis heute von einem »gewissen Tabu« umgeben sind: Während es schon immer klar war, warum Männchen einen Penis brauchen, schien eine Klitoris verzichtbar – schließlich funktioniert Fortpflanzung ja auch ohne. Aber eine Stimulation der Klitoris während der Werbung könnte das Weibchen empfänglicher für die Avancen des Männchens machen, für längere und häufigere Paarungen sorgen und die Chancen für eine Befruchtung der Eier erhöhen. Könnte ja sein, dass Todesottern & Co. mit Klitoris mehr Lust auf Sex haben.

Für die eigentliche Befruchtung wird ein Orgasmus offenbar nicht gebraucht, doch er verstärkt den Spaß am Sex[19] und den Paarverbund bei sozial monogamen Arten – frei nach dem Motto »good sex makes a happy marriage«. Auf neuronaler Ebene kommt es zur Freisetzung von »Glückshormonen« wie Dopamin und Serotonin – und wenn Verliebte ihren Verstand verlieren, so könnte dies mit der Ausschüttung dieser Neurotransmitter zu tun haben, denn auch bei der Einnahme von LSD und anderen psychogenen Drogen kann es zu ähnlichen Empfindungen kommen.

Der Geschlechtstrieb (Libido) führt die Geschlechtspartner zusammen. Fehlt ein Partner, kommt es bei Tier und Mensch regelmäßig zur Selbstbefriedigung (Masturbation), und wie sich herausgestellt hat, verwenden dazu auch manche Tiere Sexspielzeug (siehe Seite 70). Der Geschlechtstrieb muss sich aber in freier Natur nicht immer auf das andere Geschlecht richten. Auch im Tierreich werden gleichgeschlechtliche (homosexuelle) Beziehungen beobachtet, zum Beispiel bei Schwänen, Mauerseglern, Pinguinen, Delfinen, Bisons und sämtlichen Menschenaffen. Einige gleichgeschlechtliche Vogelpaare bebrüten sogar gemeinsam ein Gelege.

Warum säugen Säugermännchen ihren Nachwuchs nicht?

Zu den sekundären Geschlechtsmerkmalen der Säugetierweibchen gehören die Brustdrüsen, die funktionell zum Säugen dienen. Während die Brustdrüsen bei vielen Arten nur während der fruchtbaren Lebensphase und in der Säugeperiode deutlich sichtbar sind, bleiben sie bei den Menschenfrauen zeitlebens groß (und dienen in vielen Kulturen als Sex-Signal) und werden nicht periodisch stark verkleinert. Das hat sicherlich mit dem im Tierreich ungewöhnlichen Sexualverhalten von *Homo sapiens* zu tun, der viele Jahrzehnte sexuell aktiv ist (auch wenn es nicht mehr um Fortpflanzung geht) und nicht selten im Paarverbund lebt. Säugen ist ein energetisch sehr aufwendiger Prozess; der Energiebedarf kann sich in der Stillphase verdoppeln.

Bekanntlich haben Säugermännchen ebenfalls Brustwarzen. Experimentell kann man die männliche Brustdrüse durch Injektion der Hormone Prolactin, Östrogen und Progesteron aktivieren, sodass sie ähnliche Milch liefern wie bei Frauen. Die große evolutionäre Frage ist daher: Warum säugen nur die Weibchen, nicht aber die Männchen den gemeinsamen Nachwuchs? (Einzige Ausnahme bei Säugern ist der fruchtfressende Dajak-Flughund [*Dyacopterus spadiceus*] auf der malaiischen Halbinsel, bei dem auch die Männchen den Nachwuchs säugen.) Bei Ziegen und anderen Haustieren wurde beobachtet, dass gelegentlich auch die Männchen spontan Milch produzieren. (Interessanterweise gibt es auch außerhalb der Säuger einige Wirbeltierarten, die ihren Nachwuchs säugen, beispielsweise die Mütter eines eierlegenden Amphibiums, der Ringelwühle *Siphonops annulatus*.)

Salopp könnte man sagen, dass die Hardware vorhanden ist, die Software aber fehlt. Offenbar hat die Evolution einen anderen Weg eingeschlagen. Bei rund 90 Prozent aller Säugerarten kümmern sich die Männchen nicht um ihren Nachwuchs; nur bei zehn Prozent helfen sie bei Aufzucht mit, so bei Wölfen und Löwen, die zwar Beute heranschaffen, aber ansonsten wenig Vaterpflichten haben. Diese Arbeitsteilung hat vermutlich dazu geführt, dass »Säugen« für Säugermännchen keine Option war. Warum die Grundausstattung bei Säugermännchen noch immer vorhanden ist, wissen wir nicht.

Paarung und Prägung

Die klassische Paarungsstellung der Säugetiere und Vögel ist ein Aufreiten von der Rückseite her (»Hundestellung«, wahlweise auch Coitus a tergo oder *doggy style*); heterosexueller Sex von Angesicht zu Angesicht ist nur bei Bonobos (siehe Seite 70) und Menschen (»Missionarsstellung«) üblich, bei homosexuellem Sex unter Menschenaffen hingegen durchaus verbreitet. Reptilien (Schlangen, Eidechsen) nähern sich von der Seite an und umschlingen sich, bis sich ihre Geschlechtsöffnungen treffen und vereinigen. Wie man sich bei der Paarung verhält, ist offenbar angeboren; aber auch für das Sexualverhalten gilt, dass Übung den Meister macht[20].

Viele Tiere durchlaufen in ihrer Jungendentwicklung eine sensible Phase, in der sie lernen, wie die Angehörigen ihrer Art und damit potenzielle Paarungspartner aussehen. Dieses Phänomen, das durch die Versuche des Verhaltensforschers Konrad Lorenz mit Graugänsen und Dohlen bekannt wurde, nennt man Prägung. Werden Jungtiere auf Menschen geprägt, so balzen sie später nur Menschen an und versuchen mit ihnen zu kopulieren, auch wenn potenzielle Partner ihrer Art vorhanden sind[21].

Auf den Hut gekommen

Eine eindrucksvolle Demonstration dieses Phänomens erhielt ich (MW) 1982 bei einem Besuch bei dem Ornithologen Tom Cade an der Cornell University in Ithaca, wo er eine große Zuchtstation für Wanderfalken unterhielt. Die Wanderfalkenweibchen wurden künstlich besamt, um möglichst viele Jungfalken zu produzieren, die anschließend ausgewildert wurden. Aber wie kommt man am einfachsten an ausreichend Sperma für die Besamung, ohne die Männchen zu sehr zu stressen? Prägung war der Trick: Tom Cade hatte Wanderfalkenmännchen isoliert aufgezogen und auf einen schwarzen Hut mit breiter Krempe geprägt. Zur Samengewinnung betrat er mit einem schwarzen Hut auf dem Kopf das Gehege eines fortpflanzungsfähigen Wanderfalkenmännchens. Sofort wurde Tom vom seinem Wanderfalken-Terzel begrüßt, der heranflog, sich auf dem Hut niederließ und in die Hutkrempe ejakulierte.

Die Kopulationsdauer kann von wenigen Sekunden (viele Vögel, Säugetiere), etlichen Minuten bis Stunden oder auch Tage (Insekten) dauern[22]. Während einige Arten nur einmal kopulieren, können sich zum Beispiel Vögel vor der Eiablage Dutzende, ja sogar Hunderte Male am Tag paaren (siehe Spermienkonkurrenz, Seite 107 ff.). Dabei verhalten sich die meisten Tierpaare aus unserer Sicht ausgesprochen ungeniert; eine Kopulation findet in aller Öffentlichkeit, unter Umständen vor den Augen anderer Gruppenmitglieder, statt[23]. Ein Schamgefühl, wie es Menschen kennen, scheint im übrigen Tierreich unbekannt.

Frühlingsgefühle – zum Teil bis ins hohe Alter

Die Länge der Jugendentwicklung ist bei verschiedenen Tiergruppen sehr unterschiedlich. Einige Wirbellose und kurzlebige Wirbeltiere sind schon wenige Wochen nach der Geburt fortpflanzungsfähig. Langlebige Wirbeltiere haben eine ausgeprägte, manchmal mehrjährige Jugendentwicklung, die nicht nur dazu dient, körperliche Merkmale zu entwickeln, sondern auch zu lernen, in einer oft feindlichen Umwelt zu überleben.

Die meisten erwachsenen Tiere sind nicht ganzjährig, sondern nur saisonal sexuell aktiv[24]. In der Regel ist die Fortpflanzungszeit auf wenige Monate im Jahr beschränkt und liegt so, dass die Umwelt dem Nachwuchs die besten Überlebensmöglichkeiten (vor allem Nahrung!) bietet.

Häufig wird die Produktion der Sexualhormone von außen, nämlich von der Tageslänge, angeregt. Diese Hormone führen dazu, dass sich die Gonaden (Geschlechtsorgane) entwickeln und dass die Paarungsstimmung einsetzt. Diese jahreszeitliche Abhängigkeit ist besonders bei Vögeln ausgeprägt, deren Hoden beziehungsweise Eierstöcke nur zur Brutzeit ausgebildet werden und außerhalb der Brutzeit nur rudimentär. Da Vögel ihr Gewicht so weit wie möglich reduzieren müssen, um energiesparend zu fliegen, ist die Rückbildung der Geschlechtsorgane außerhalb der Brutzeit eine wichtige Anpassung.

Wie häufig und wie lang Tierarten sexuell aktiv sind, ist sehr unterschiedlich. Viele eierlegende Arten, ob Wirbellose wie Maikäfer[25] oder Wirbeltiere wie Lachse[26], paaren sich nur ein einziges Mal und sterben nach Ablage der Eier. Andere eierlegende Arten wie manche Großvögel sind noch im hohen Alter fruchtbar und sexuell aktiv. Berühmt wurde das 1956 im Alter von rund 5 Jahren beringte Laysanalbatros-Weibchen Wisdom, das inzwischen mindestens

72 Jahre ist. Auch im Dezember 2022 erschien Wisdom wieder an ihrem traditionellen Brutplatz; im März 2023 erbrütete sie erneut einen Jungvogel[27].

Männchen und Weibchen fast aller Tierarten bleiben lebenslang fortpflanzungsfähig, auch wenn die Fruchtbarkeit mit zunehmendem Alter nachlässt. Ein Weiterleben nach Ende der Fortpflanzungsfähigkeit (Menopause)[28] ist bei weiblichen Säugern recht ungewöhnlich; man findet sie bei einigen Walarten (Grind-, Schwertwale oder Orcas) und bei Menschen- wie auch Gorilla- und Schimpansenfrauen. Während viele weibliche Säuger mit einem begrenzten Vorrat an Eizellen geboren werden und keine weiteren nachbilden können, produzieren Vogelweibchen lebenslang Eizellen und kommen daher auch nicht in die Menopause.

Warum sind nicht alle Tiere Zwitter?

Dass die geschlechtliche Fortpflanzung für größere Variabilität und damit für eine höhere Anpassungsfähigkeit der Nachkommenschaft an sich wandelnde Umweltbedingungen sorgt, ist plausibel. Aber warum sind Samen und Eizellen dabei gewöhnlich auf zwei Geschlechter verteilt?

Bei einigen (meist wirbellosen) Tiergruppen können beide Keimzelltypen in einem einzigen Individuum vereint sein; man bezeichnet solche Tiere als Zwitter (Hermaphroditen). Beispiele dafür sind unsere heimischen Nackt- und Gehäuseschnecken[29] oder Regenwürmer, aber auch eine ganze Reihe von Meeresfischen (siehe Seite 88). Zwar müssen diese klassischen Zwitter ebenso wie getrenntgeschlechtliche Paare einen Partner finden, um genetisches Material auszutauschen, doch rein zahlenmäßig wäre ihr Fortpflanzungserfolg doppelt so hoch – bei den oben erwähnten zwittrigen Arten können schließlich beide Partner Eier legen.

Das führt zu der Gretchenfrage: Wenn das Zwittertum eine hohe genetische Variabilität durch den Austausch von Geschlechtszellen garantiert und zudem doppelt so viel Nachwuchs produziert, warum sind dann nur so relativ wenige Wirbellosenarten zwittrig? Und bei den Wirbeltieren lediglich ein paar Handvoll Fischarten? Die Antwort lautet: Wir wissen es nicht. Diese Frage gehört zu den großen ungelösten Rätseln der Biologie, über die Lehrbücher gern schamhaft hinweggehen, und auch wir können über die Antwort nur spekulieren. Zwittertum – also gleichzeitig oder nacheinander Weibchen und Männchen sein – erfordert eine große genetische Plastizität, die einige Fischarten aufweisen, die hoch entwickelten Wirbeltiergruppen wie Vögeln[30, 31] und Säugern aber offenbar fehlt. Vögel und Säuger investieren zudem während ihrer Embryonalentwicklung so viel in den Aufbau ihres Geschlechtsapparats (innere Befruchtung!), dass sie sich zwei simultan funktionierende Geschlechter energetisch möglicherweise einfach nicht leisten können. Vielleicht passt auch die hormonelle Steuerung der Embryonalentwicklung nicht zu einem doppelgeschlechtlichen Modell oder wäre zu aufwendig. Echte Zwitter, also Individuen, die reife Eizellen wie auch reife Spermien produzieren können, sind unter Säugern – und somit auch beim Menschen – bislang nicht bekannt.

Und es gibt einen zweiten Hinweis. Der Fadenwurm *Caenorhabditis elegans*, ein beliebter Modellorganismus in der Biologie, zeigt eine sehr seltsame Geschlechtsausprägung: nur Zwitter und Männchen, keine Weibchen. Im Laufe ihrer Entwicklung bilden die Zwitter, die sich gewöhnlich selbst befruchten, Spermien und anschließend Eier. Ihre Spermien reichen für rund 300 Eier. Wenn ein Zwitter aber mehr Eier produziert, bleiben diese unbefruchtet, es sei denn, er spielt die Weibchenrolle und verpaart sich mit einem Fadenwurmmännchen. Das könnte darauf hinweisen, dass sich Zwittertum nur dann lohnt, wenn alle produzierten Eier auch befruchtet werden können – sonst steht eine zwittrige Art nicht besser da als eine getrenntgeschlechtliche, hat aber bei zwei Geschlechtssystemen höhere Energiekosten.

Neben genetischen Faktoren und Energiekosten könnte auch der Zufall eine Rolle dabei gespielt haben, dass es unter höheren Wirbeltieren keine Zwitterarten gibt. Da die Evolution keinen Masterplan verfolgt, hat sie diese Möglichkeit möglicherweise auch einfach »verpennt«. Wie schon gesagt, wir wissen es nicht und haben nirgendwo etwas Erhellendes dazu gefunden. Unter den Tisch fallen lassen wollten wir diese interessante Frage dennoch nicht, denn sie zeigt, wie viel Grundsätzliches es bei der Evolution der Geschlechter noch zu erforschen gibt.

Ein Blick über den Tellerrand hinaus

Dass man auf Zwittertum als Norm setzen kann, zeigt übrigens das Pflanzenreich: Auch Pflanzen vermehren sich in der Regel per Sex. Samenpflanzen machen's aber genau umgekehrt wie Tiere: Die meisten haben zwittrige Blüten, die sowohl Staubblätter (männlich) als auch Fruchtblätter (weiblich) aufweisen. Nur bei wenigen Arten leben die Geschlechter getrennt auf unterschiedlichen Pflanzen (Zweihäusigkeit). Und dann gibt es noch eine Mischform zwischen zwittrig und wirklich getrenntgeschlechtlich: männliche und weibliche Blüten, die gemeinsam auf einer Pflanze existieren, aber getrennte Blüten bilden (Einhäusigkeit) – alles unterschiedliche Lösung für ein und dasselbe evolutionäre Ziel: fitte Nachkommen.

Weibchen allein tun's auch: Jungfernzeugung (Parthenogenese)

Bei der so genannten echten Jungfernzeugung oder Parthenogenese[32], die sich von der zweigeschlechtlichen Fortpflanzung ableitet, entwickeln sich die Nachkommen aus unbefruchteten Eizellen[33], eine parthenogenetische Art besteht daher ausschließlich aus genetisch ähnlichen Weibchen (bei einer seltenen Sonderform der Jungfernzeugung, der apomiktischen Parthenogenese, fehlt die Reduktionsteilung, wodurch die Nachkommen Klone ihrer Mutter sind; siehe Glossar).

Parthenogenese kommt bei verschiedenen Wirbellosen und manchen Wirbeltieren (Fische, einige Amphibien, Reptilien[34] und extrem selten Vögel) vor. Bei Vögeln und Säugetieren kann es durchaus passieren, dass sich eine unbefruchtete Eizelle spontan teilt und eine Embryonalentwicklung einsetzt. Diese Embryonen sterben in der Regel allerdings ab, doch es gibt Ausnahmen.

So staunten Wissenschaftler im Zoo von San Diego nicht schlecht, als sie die DNA zweier frisch geschlüpfter Küken des vom Aussterben bedrohten Kalifornischen Kondors untersuchten: Offenbar hatten sich beide Küken, die von verschiedenen Müttern stammten, per Jungfernzeugung (Parthenogenese, siehe Glossar) aus unbefruchteten Eiern entwickelt – und das, obwohl im Gehege ein fruchtbares Männchen lebte, mit dem beide Weibchen schon öfter Nachwuchs gehabt hatten. Die beiden Küken besaßen, wie für Vogelmännchen typisch, die doppelte Geschlechtschromosomendosis ZZ und hatten zudem auch sämtliche andere Chromosomen (Autosomen) von ihren Müttern geerbt, vom väterlichen Genom hingegen keine Spur – der erste Nachweis, dass eine Parthenogenese auch bei Kondoren möglich ist. Da Männchen aber bekanntlich keine Eier legen, endet die parthenogenetische Linie hier, und die eingeschlechtlich gezeugten Männchen müssen sich ganz normal mit Weibchen paaren, wenn sie sich fortpflanzen wollen.

Parthenogenetische Truthähne

Eine bemerkenswerte Untersuchung wurde ab 1930 mit Truthühnern durchgeführt. Der amerikanische Ornithologe Marlow Olsen beobachtete, dass ca. 16 Prozent seiner Truthahneier einen Embryo enthielten, obwohl die Hennen keinen Hahn gesehen hatten. Er selektierte in den folgenden Jahren die Hennen, die besonders viele parthenogenetische Eier produzierten, und erhielt nach fünf Generationen Hennen, deren Anteil parthenogenetischer Eier bis zu 45 Prozent betrug. Offenbar lag bei den Truthennen eine genetische Prädisposition für Parthenogenese vor.

Durch weitere Selektion gelang es, Hennen zu züchten, deren parthenogenetische Nachkommen zu normalen Truthähnen heranwuchsen. Es waren alles Männchen, die zwar zeugungsfähige Spermien produzierten, die jedoch keinerlei sexuelles Interesse zeigten.

....

Das ist bei Tiergruppen mit einem XY/XX-System zur Geschlechtsbestimmung anders: Parthenogenetische Nachkommen sind immer Weibchen und können so eine »jungfräuliche« Linie begründen. Säuger – wie auch der Mensch – haben ein XX/XY-System, doch aus freier Wildbahn ist bislang kein einziger Fall von Parthenogenese bekannt. 2022 ist es allerdings im Labor gelungen, mit hohem technischem Aufwand lebensfähige Mäusejunge aus unbefruchteten Eizellen zu züchten – Jungfrauengeburt ist also auch beim Menschen theoretisch nicht mehr prinzipiell ausgeschlossen, sondern in den Bereich des Möglichen gerückt!

Die Parthenogenese hat den Vorteil, dass sämtliche Artangehörige Nachwuchs produzieren können, das Wachstumspotenzial der bestreffenden Art also doppelt so hoch ist wie bei einer Art mit zwei Geschlechtern. Dennoch gibt es nur relativ wenige rein parthenogenetische Arten – man vermutet, weil die Nachkommen genetisch weitgehend identisch mit ihren Müttern sind und sich daher auch genetische Defekte stärker auswirken können.

Paradoxe Zwerge: Rädertierchen

Dass die Evolution aber doch immer wieder unerwartete Wege gehen kann, zeigen die Rädertierchen, die so extreme Lebensräume wie die Antarktis oder Thermalquellen besiedeln. Alle Arten vermehren sich parthenogenetisch – einige schon seit mindestens rund 40 Millionen Jahren und machen paradoxerweise keinerlei Anstalten auszusterben. Unter welchen Umständen sind Männchen beziehungsweise Spermien also verzichtbar?

Das weniger als einen Millimeter große Rädertierchen *Adineta vaga* greift zu einem ganz besonderen Trick: Es holt sich Gene von fremden, nicht verwandten Gruppen wie Pilzen, Pflanzen und Bakterien und »peppt« auf diese Weise sein Genom auf, ohne auf Männchen angewiesen zu sein. Dieser so genannte horizontale Gentransfer scheint für die nötige Variabilität zu sorgen und Nachteile einer eingeschlechtlichen Vermehrung auszugleichen. Und das funktioniert offenbar wirklich gut, denn als man ein Rädertierchen nach 24 000 Jahren im sibirischen Permafrostboden auftaute, begann das kleine Exemplar munter, sich parthenogenetisch zu vermehren. Generell sind Rädertierchen sehr resistent gegen Umweltstress (Austrocknung, Strahlung) und können DNA-Schäden effizient reparieren.

Rädertierchen wie *Adineta* sind in vielerlei Hinsicht außergewöhnlich, aber auch unter Insekten finden sich Arten, die sich ganz ohne Männchen fortpflanzen; so vermehren sich mehrere Stabheuschreckenarten der Gattung *Timema* ausschließlich durch Jungfernzeugung. Dadurch sinkt die genetische Vielfalt, und schädliche Mutationen können sich ansammeln. Dass sich die parthenogenetische Fortpflanzung dennoch »rechnet«, liegt vermutlich an einer ganz speziellen Umwelt, denn der Lebensraum dieser flügellosen Insekten wird häufig von Buschbränden heimgesucht. Nach einer solchen Katastrophe sind Arten im Vorteil, die sich auch ohne Partner schnell vermehren und das Terrain wiederbesiedeln können. Der Verzicht auf Männchen scheint also häufig mit extremen Lebensbedingungen einherzugehen.[35]

Wie das Leben so spielt

Nach so viel geballten Fakten hier einige Fallbeispiele, die wir besonders interessant und ungewöhnlich fanden, um gewisse Aspekte von Sex im Tierreich zu illustrieren:
- Was wissen wir über den Sex bei Dinosauriern, und wie lassen sich bei Fossilien überhaupt die Geschlechter unterscheiden?
- Wäre es nicht ideal, die Vorteile einer ungeschlechtlichen beziehungsweise eingeschlechtlichen Fortpflanzung und der zweige-

schlechtlichen Fortpflanzung zu kombinieren? Blattläuse kennen den Trick …
- Anglerfische sind anatomisch getrenntgeschlechtlich, leben aber wie Zwitter – eine bizarre sexuelle Anpassung an einen extremen Lebensraum, die Tiefsee.
- Amazonen-Mollys bilden als Art einen reinen Weiberclub, brauchen aber zur Entwicklung ihrer Eier männliche Keimzellen, die sie sich per Diebstahl aneignen – hier kann man Evolution in Aktion erleben.

Sex bei Dinosauriern: Knochenorakel und virtuelle Paläobiologie
Viele von uns waren als Kinder Dino-Fans. Aber haben Sie sich jemals gefragt, wie sich die Dinos fortgepflanzt haben?

Dinosaurier waren während des ganzen Mesozoikums (Trias bis Kreide; vor 66 Millionen Jahren starben sie aus) die herrschende Tiergruppe auf der Erde, aber da uns die damals lebenden Arten nur ihre Fossilien hinterlassen haben, müssen wir alles, was wir über ihr Verhalten wissen wollen, aus ihren versteinerten Spuren lesen wie im Altertum die delphischen Priesterinnen aus ihrem Orakel.

Was wissen wir über Sex bei Dinosauriern? Nicht viel, denn innere wie äußere Geschlechtsorgane bleiben nicht als Fossilien erhalten. Wir können uns höchstens das eine oder andere zusammenreimen, wenn wir uns ihren Stammbaum und damit ihre nächsten Verwandten näher anschauen – *educated guess* nennt man eine derartige plausible Vermutung im Englischen so treffend. Die Paläontologen sind sich relativ sicher, dass die Dinos Eier gelegt und diese in Nestern ausgebrütet haben. Aber wie erfolgte die Befruchtung?

Es steckt alles in den Knochen
Seit Langem war bekannt, dass Dinosaurier Eier legten, doch bis Mitte der 2000er Jahre ließ sich nicht sagen, ob ein Dinosaurierskelett männlich oder weiblich war. Dino-Weichteile gab es nicht und zu wenige Funde von Exemplaren ein und derselben Art, um wirk-

lich etwas über Variabilität und eventuellen Geschlechtsdimorphismus aussagen zu können. Immerhin lässt sich inzwischen belegen (wenn die Befunde auch nicht unumstritten sind), dass Dinosaurier wie der berühmte *Tyrannosaurus rex (T. rex)* und andere Arten zwei Geschlechter aufwiesen: Das Geschlecht kann eben doch in den Knochen stecken. Man muss das Knochenorakel nur richtig lesen.

Wie sich inzwischen herumgesprochen hat, stammen unsere heute lebenden Vögel von einer Gruppe Raubsaurier ab; die Physiologie der Vögel erlaubt daher Rückschlüsse auf diese Vorfahren. Vögel legen Eier, und die Weibchen bilden vor der Eiablage so genanntes medulläres Knochengewebe, das als Kalziumspeicher für die Schalen dient. Solch typisches Knochengewebe ließ sich auch in den Beinknochen eines *T.-rex*-Exemplars nachweisen: Wie Vogelweibchen griff das untersuchte *T.-rex*-Weibchen bei der Bildung der Eierschalen für seine Brut offenbar auf Kalzium aus solchem medullärem Gewebe zurück. Dieses Gewebe lässt sich in Skelettfunden nachweisen, und da Männchen *per definitionem* keine Eier legen, sind Dinofossilien mit diesem Gewebe eindeutig Weibchen. Inzwischen wurde bei noch weiteren Dinosauriern fossilisiertes medulläres Gewebe nachgewiesen, so bei dem räuberischen *Allosaurus* und *Tenontosaurus*, einem Verwandten des pflanzenfressenden *Iguanodon*. Auch die Dinosaurier setzten offenbar wie fast alle anderen Reptilien auf zwei Geschlechter, um ihre genetische Variabilität durch Mischung der Keimzellen auf hohem Niveau zu halten.

Penetration oder »Kloakenkuss«?

Es ist also plausibel anzunehmen, dass es bei Dinos Männchen und Weibchen gab. Aber wie paarten sie sich? (Und das müssen sie getan haben, immerhin haben sie als Tiergruppe das ganze Erdmittelalter dominiert.) Auch da kann ein Blick auf die nächste Verwandtschaft weiterhelfen: Die direkten Nachkommen der Dinosaurier sind, wie bereits erwähnt, die Vögel; die nächsten Verwandten der Schreckensechsen neben den Vögeln sind wiederum die Krokodile. Der gemeinsame Vorfahr von Dinosauriern, heutigen Vögeln und Krokodilen war ein Archosaurier.

Bei Reptilien und Vögeln werden Kot, Urin und Keimzellen über eine gemeinsame Körperöffnung ausgeschieden; Zoologen nennen sie »Kloake« (siehe oben). Sie wird auch für den Geschlechtsverkehr benutzt. Krokodilmännchen haben einen einfachen Penis, eine Ausstülpung der Kloakenwand; bei der Paarung wird dieser Penis erigiert und in die Kloake des Weibchens eingeführt. Auch die urtümlichsten, flugunfähigen Vögel, wie die Afrikanischen Strauße, Rheas, Kasuare und Kiwis, haben einen Penis. Dies gilt zudem für viele Enten und Schwäne, nicht jedoch für die Hühnervögel und die meisten anderen modernen Vogelgruppen (Neoaves). Bei ihnen besitzen die meisten Männchen kein besonderes Begattungsorgan, sondern Männchen und Weibchen pressen bei der Paarung lediglich ihre Kloaken aufeinander. Diese Art der Besamung, die nur wenige Sekunden dauert, wird euphemistisch »Kloakenkuss« genannt. Der Kloakenkuss ist offenbar eine Abwehrmaßnahme gegen Vergewaltigung, die bei Arten mit Penis verbreitet vorkommt (siehe Seite 153).

Die Paarung gigantischer Sauropoden war auf jeden Fall ein biomechanisches Problem: Die mechanische Belastung, der ein Sauropoden-Weibchen je nach Paarungsstellung und biologischer Ausstattung mit einem tonnenschweren Männchen bei einer Kopulation ausgesetzt war, muss extrem gewesen sein – und wie konnte ein *Stegosaurus*-Männchen vermeiden, von den Rückenplatten seiner Partnerin aufgespießt zu werden?

Da Zeitreisen leider bisher nicht möglich sind und somit der eigene Augenschein noch auf sich warten lässt, haben Forscher zum zweitbesten Mittel gegriffen: Sie haben das Skelett eines großen Sauropoden, *Spinophorosaurus nigeriensis*, virtuell nachgebaut und verschiedene Paarungsstellungen unter der Annahme getestet, das Männchen besitze keinen Penis. Dabei zeigte sich, dass *Spinophorosaurus*-Männchen und -Weibchen nur eine einzige Position hätten einnehmen können, ohne sich die Knochen zu verbiegen: Um einem »Kloakenkuss« zu ermöglichen, hätten sie sich einander rückwärts nähern, ihre Schwänze zur Seite biegen und ihre Hinterteile aufeinanderpressen müssen.

Das ist nicht unmöglich, aber schwer vorstellbar. Eher plausibel erscheint eine Penetration mit einem flexiblen Penis, der lang genug ist, um die Geschlechtsöffnung der Weibchen zu erreichen; das eröffnet mehr Spielraum für Paarungsstellungen. Auf jeden Fall dürften Paarungen bei den großen Dinos kurz gewesen sein, wie es bei den meisten Vögeln der Fall ist – gerade lange genug, um eine Ladung Sperma zu übertragen, die ausreicht, die Eier zu befruchten. Es muss hervorragend geklappt haben, denn Dinos dominierten das Leben auf der Erde über 170 Millionen Jahre lang, bis sie vermutlich durch einen Meteoriteneinschlag vor rund 66 Millionen Jahren vernichtet wurden.

Mal mit, mal ohne Männchen: Blattläuse und das Beste zweier Welten

Ihre Vorfahrenreihe reicht zurück bis ins Erdmittelalter (Mesozoikum): Blattläuse waren Zeitgenossen der mesozoischen Dinosaurierfauna – das wissen wir über Bernsteinfunde aus der Trias. Und sie haben sich bis heute mit rund 5000 Arten erstaunlich gut gehalten …

Am besten wäre es natürlich, die Vorteile einer ungeschlechtlichen oder eingeschlechtlichen Fortpflanzung – schnelle Vermehrung – und der zweigeschlechtlichen Fortpflanzung – höhere genetische Variabilität – zu kombinieren. Und tatsächlich gibt es einige Tiergruppen, denen dies gelingt. Bei Blattläusen wechseln beide Fortpflanzungsformen miteinander ab: Sie pflanzen sich eine Zeit lang parthenogenetisch fort, bilden aber danach wieder männliche und weibliche Generationen, die sich bisexuell vermehren. Das nennt man Generationswechsel (siehe unten).

Blattläuse sind kleine dünnhäutige Insekten, mal geflügelt, mal ungeflügelt, die sich von Pflanzensaft (Phloemsaft, der reich an Zucker und Aminosäuren ist) ernähren und berühmt-berüchtigt sind für die Geschwindigkeit, mit der sie sich vermehren. Jeder Hobbygärtner kennt und fürchtet sie, denn kaum entwickeln sich in sonnigen Frühlingstagen die ersten Rosen, sind Triebe und Knospen wie von Zauberhand von diesen nur wenige Millimeter langen grünen Sechsbeinern bevölkert, die ihnen gierig den Saft aussaugen. Und man kann fast zugucken, wie sie immer mehr werden. Viele Blattlausarten sind daher auch gefürchtete Obst- und Gemüseschädlinge.

Diese rasche Vermehrung gelingt den lebendgebärenden Blattläusen wie der Großen Rosenblattlaus *(Macrosiphum rosae)*, einem typischen Vertreter der Familie, durch Jungfernzeugung (Parthenogenese). Zu Beginn eines Jahreszyklus schlüpfen im Frühjahr aus überwinternden Eiern meist nur Weibchen. Diese Stammmütter, die einige Wochen alt werden können, vermehren sich eingeschlechtlich[36] (ohne Männchen): Sie produzieren ohne Reifeteilung (Meiose) Eier, in denen sich ihre Nachkommen entwickeln. Kurz nach dem Schlüpfen aus dem Ei werden sie von der Mutter geboren.

Diese so genannten Nymphen sind daher ebenfalls ausschließlich Weibchen und Klone ihrer Mütter (apomiktische Parthenogenese). Unter Umständen bringen Blattlausmütter nicht nur ihre Töchter, sondern gleichzeitig auch ihre Enkelinnen zur Welt, denn die Nymphen der ersten Vermehrungsrunde enthalten nicht selten bereits ihrerseits sich parthenogenetisch entwickelnde Embryonen – die Nymphen werden bereits schwanger geboren. Die Blattlaus in der Blattlaus in der Blattlaus wie in einer Matrjoschka – kein Wunder, dass Blattlauspopulationen bei genügend Nahrung regelrecht zu explodieren scheinen. Berechnungen zufolge könnte eine einzige Blattlaus-Stammmutter theoretisch pro Jahr unter idealen Umständen eine Kolonie von mehreren Milliarden geklonter Nachkommen erzeugen, wenn alle überleben würden (was sie natürlich zum Glück nicht tun, wofür schon Marienkäfer und ihre Larven, aber auch Florfliegenlarven, insektenfressende Vögel und Parasiten sorgen)!

Generationswechsel

Das ganze Frühjahr und den Sommer hindurch folgt im Abstand weniger Wochen eine parthenogenetische Generation auf die andere. Im Herbst, wenn die Lebensbedingungen schlechter werden (kürzere und kühlere Tage, die Pflanzen beginnen zu schwächeln), schalten die Blattläuse von hemmungsloser Vermehrung der Weibchen auf die Produktion von zwei Geschlechtern um: Nun schlüpft eine einzige bisexuelle Generation mit Weibchen (genetisch XX) und Männchen (genetisch X0) – ein X weniger reicht bei Blattläusen, um aus einem weiblichen Embryo einen männlichen zu machen, der bis auf das fehlende X-Chromosom mit seiner Mutter identisch ist (siehe Geschlechtsbestimmung, Seite 17 ff.). Weibchen und Männchen paaren sich, und die Weibchen legen an geschützter Stelle befruchtete Eier, die den Winter überstehen. Diese kälteresistenten Dauereier sind in unseren Breiten ein entscheidender Vorteil der bisexuellen Fortpflanzung: Nur so können unsere heimischen Blattläuse Fröste überstehen (in den Tropen kommen viele Blattlausarten auch jahrelang ohne Männchen aus).

Mit dieser Art der Fortpflanzung sichern sich Blattläuse wie die Große Rosenblattlaus das Beste zweier Welten: Per eingeschlechtlicher Vermehrung (Jungfernzeugung) lassen sich rasch viele Nachkommen erzeugen; per zweigeschlechtlicher Vermehrung lässt sich die genetische Vielfalt und damit die Anpassungsfähigkeit steigern, die bei der Parthenogenese zu kurz kommt – Generationswechsel nennt man diesen evolutionären Trick. Eingeschlechtliche Fortpflanzung (ohne Reifeteilung und Befruchtung) und zweigeschlechtliche Fortpflanzung (mit Reifeteilung und Befruchtung) innerhalb einer Art ist bei Insekten übrigens nicht ungewöhnlich, man findet dies auch bei Ameisen, Bienen und Termiten.

Und Blattläuse haben einen weiteren Trick auf Lager: Aus den Dauereiern können im Frühjahr sowohl geflügelte als auch ungeflügelte Weibchen schlüpfen (Polymorphismus), die genetisch identisch sind – ob und wie viele Flügeltiere schlüpfen, wird offenbar von Umweltfaktoren beeinflusst. Flügel sind aufwendig in der Produktion, daher werden geflügelte Weibchen gewöhnlich nur dann erzeugt, wenn's brenzlig wird, sei es, dass die Nahrungspflanze schlapp macht, dass Fressfeinde drohen oder dass das Leben vor Ort aus einem anderen Grunde ungemütlich wird – also immer dann, wenn sich eine Abwanderung und die Gründung einer neuen Kolonie lohnen.

Wasserflöhe
Ähnlich wie die Blattläuse machen es auch die Wasserflöhe, die manche von Ihnen vielleicht als Tierfutter für Aquarienfische kennen. Im Sommerhalbjahr vermehren sie sich parthenogenetisch; dann sind alle Wasserflöhe weiblich. Wenn sich im Herbst die Lebensbedingungen auf der Nordhemisphäre verschlechtern, setzt die sexuelle Fortpflanzung wieder ein und die Weibchen produzieren auch männliche Nachkommen. Bei der Paarung von Männchen und Weibchen entstehen Dauereier, die im Sediment überwintern und erst wieder »aufwachen«, wenn die Lebensbedingungen besser werden.

Anglerfische: Zwergmännchen, die zu Hoden schrumpfen
Wie sich aus einer getrenntgeschlechtlichen Spezies eine Art Doppelwesen entwickeln kann, bei der sich die Rolle des Männchens auf das wirklich Wesentliche – Spermienproduktion – reduziert, zeigt ein kleiner Tiefseefisch.

Vertreter der Familie der Teufelsangler (Linophrinidae) sind Tiefseebewohner von bizarrem Aussehen: Ausgestattet mit einem riesigen Maul, massenhaft spitzen, oft langen Zähnen, lauern die geschlechtsreifen Weibchen in 300 und mehr Metern Tiefe auf dem Meeresboden auf Beute, die sie mit Ködern voller Leuchtbakterien anlocken. Meist baumeln diese Köder an einem Auswuchs, Angel genannt, weshalb die ganze Verwandtschaft auch als »Tiefsee-Anglerfische« bezeichnet wird.

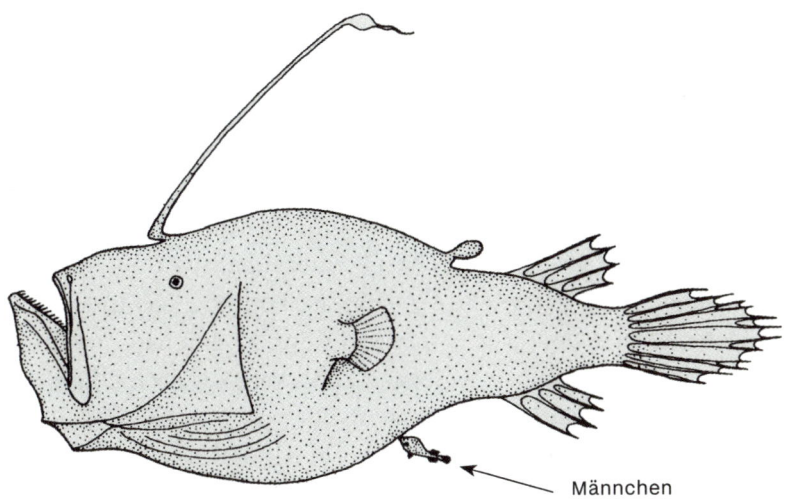

Männchen

Weibchen des Tiefseeanglers Cryptopsaras couesii können eine Länge von ca. 45 Zentimetern erreichen; die Männchen messen freischwimmend ca. einen Zentimeter, können festgewachsen aber auf Zeigefingerlänge heranwachsen. (Zeichnung: Tony Ayling, Wikimedia Commons)

Lockt das Licht ein geeignetes Opfer in Reichweite, so reißt das Weibchen blitzschnell sein gewaltiges Maul auf und saugt es durch den entstehenden Unterdruck ein; dabei ist die Beute in manchen Fällen ebenso groß, wenn nicht größer als die Jägerin – Tiefseeangler haben einen äußerst dehnbaren Magen, denn in der Ödnis der Tiefsee ist das Jagdglück dünn gesät.

Ganz anders leben die Männchen der Tiefseeangler: Sobald sich aus der Larvenform ein winziges erwachsenes (adultes) Männchen entwickelt hat, geht es auf Brautschau. Stößt es, geleitet von riesigen Augen und einem hoch entwickelten Geruchssinn, schließlich auf eine Artgenossin, so ist das angesichts der riesigen Weiten der Tiefsee und seiner geringen Größe ein absoluter Glückstreffer. Dann beißt sich der Zwerg ohne Zögern am Körper seiner Partnerin fest, und die Gewebe beider Tiere verwachsen miteinander. Bei *Photocorynus spiniceps* geht diese Verschmelzung so weit, dass sich beide Kreisläufe kurzschließen und das Männchen fortan vom Weibchen miternährt wird – eine im ganzen Tierreich einzigartige Art der Vereinigung. Mit der Zeit degenerieren sämtliche Organsysteme des Männchens bis auf die Hoden – seine einzige Aufgabe ist nun die Fortpflanzung.

Da diese Verbindung bei *Photocorynus* unauflösbar ist, macht das Männchen das Weibchen technisch zum Zwitter und verpflichtet sich zur strikten Monogamie, denn Fremdgehen ist – im Gegensatz zum Pärchenegel (siehe Seite 83) – physisch unmöglich. Anders das Weibchen: bei *Photocorynus spiniceps* können durchaus mehrere Männchen an demselben Weibchen andocken, sodass die Eier, die die polygame Anglerin ins Wasser abgibt, von mehreren »Gatten« besamt werden können. Bei dieser Form der äußeren Befruchtung ist die Vaterschaft also weitgehend unbekannt.

Sexueller Parasitismus und Immunsystem
Die Lebensweise männlicher Tiefseeangler wird häufig als sexueller Parasitismus bezeichnet, wenn man sich auch über diesen Begriff streiten kann, denn »geschädigt« wird das Weibchen ja nicht; es erinnert eher an den »Parasitismus« eines Fötus im Bauch der Mutter.

Lange wurde darüber gerätselt, wie so eine Verschmelzung zweier Individuen immunologisch überhaupt möglich ist. Denn anders als ein menschlicher Fötus, der zumindest die Hälfte aller Gene mit seiner Mutter teilt, sind die Tiefseeangler-Weibchen und -Männchen einander völlig fremd. Warum stößt das Immunsystem des Weibchens das Männchen nicht ab wie ein ungeeignetes Transplantat?

Es ist bekannt, dass bei *Homo sapiens* die mütterliche Immunreaktion in der Schwangerschaft »gedrosselt« wird, doch bei *Photocorynus spiniceps* hat sich das Immunsystem im Lauf der Zeit viel stärker gewandelt: Beide Geschlechter besitzen keinerlei von Antikörpern vermittelte Immunität. Der einzigartige Fortpflanzungsmodus dieses Tiefseeanglers hat genetisch offenbar zum Verlust von funktionellen Genen des *adaptiven Immunsystems* geführt, die sonst für Wirbeltiere typisch sind. Daher toleriert das Weibchen das Gewebe des Männchens (und umgekehrt), statt die fremden Zellen zu attackieren und abzustoßen.

Aber wie wehren sich die Fische gegen Pathogene am Tiefseeboden? Haben sie im Lauf ihrer Evolution neue Immunstrategien entwickelt, um den Verlust von B- und T-Lymphozyten wettzumachen? Oder ist es ihnen gelungen, ihr *angeborenes Immunsystem* so anzukurbeln, dass es diesen Verlust kompensiert? Eine spannende Frage, die bislang niemand beantworten konnte …

Amazonen-Mollys: Ganz ohne Männchen geht es nicht

Ein kleiner Fisch im Amazonas erlaubt uns, der Evolution dabei zuzusehen, wie sich aus zweigeschlechtlichen Vorfahren eine eingeschlechtliche Art entwickelt – und dieses Beispiel könnte auch erklären, warum parthenogenetische Arten so selten sind.

Amazonenkärpflinge oder Amazonen-Mollys *(Poecilia formosa)* sehen recht unscheinbar aus – ca. 5,5 bis maximal zehn Zentimeter lang und silbrigweiß –, haben aber ein höchst ungewöhnliches Sexualleben. Sie sind Schwarmfische und ihr Verbreitungsgebiet reicht vom Nueces River im südöstlichen Texas bis zum Rio Tuxpan im nördlichen Mexiko. Wie ihre nächsten Verwandten sind diese Zahnkarpfen lebendgebärend; das ist in dieser Familie nichts Besonderes. Besonders ist jedoch, dass Amazonen-Mollys zu den wenigen Wirbeltieren gehören, die sich ausschließlich parthenogenetisch vermehren – die ganze Art besteht nur aus Weibchen. Die Krux ist, dass diese Amazonen dennoch Männchen zur Fortpflanzung brauchen: Sie benötigen deren Sperma, um die Embryonalentwicklung ihrer Eizellen, die bereits über einen doppelten Chromosomensatz verfügen, in Gang zu bringen. Und da sie lebendgebärend sind, reicht es nicht, die Eier einfach ins Wasser abzugeben, sondern die Mollys müssen mit einem geeigneten Männchen kopulieren.

Samenraub im Rio Tuxpan

Da es jedoch keine männlichen Artgenossen gibt, die ihnen diesen Dienst erweisen können, müssen die Amazonen auf das Sperma artfremder Männchen zurückgreifen. Die ganze Sache funktioniert jedoch nur dann, wenn die Männchen aus eng verwandten Arten stammen. In freier Wildbahn sind das in der Regel der Atlantikkärpfling *(Poecilia mexicana)* und der Breitflossenkärpfling *(Poecilia latipinna)*. Aus diesen beiden Elternarten sind die Amazonen-Mollys vor mehr als 100000 Jahren durch Hybridisierung entstanden (siehe unten) und brauchen deren Männchen noch immer als »Pseudoväter« – das heißt, Amazonen-Mollys können nur dort leben, wo zumindest eine dieser beiden Ausgangsarten vorkommt.

Paarungsbereite Weibchen bieten sich also den Männchen an und versuchen, diese zur Kopulation zu »verführen« – haben sie Erfolg, ist die Entwicklung ihrer Brut gesichert. Dabei handelt es sich stets um ein genetisches Abbild der Mutter, denn es kommt zwar zur Befruchtung, doch die väterliche DNA wird später wieder schnöde aus dem Ei eliminiert (Gynogenese)[37]. Da das Männchen nur als »Mittel zum Zweck« dient und sozusagen mit leeren Flossen dasteht – es hat Zeit und Spermien investiert, ohne einen evolutiven Gegenwert zu erhalten –, bezeichnet man dieses samenräuberische Verhalten der Mollys als Sexualparasitismus.

Weshalb machen die Männchen dieses falsche Spiel überhaupt mit?

Nun, vielleicht macht es ihnen einfach Spaß. Aber es würde ihre biologische Fitness sicherlich erhöhen, wenn die Atlantik- und Breitflossenkärpfling-Männchen zwischen Weibchen ihrer eigenen Art und artfremden Weibchen unterscheiden könnten. Tatsächlich können sie beide Gruppen visuell auseinanderhalten und ziehen in der Regel Weibchen der eigenen Art den Mollys vor – einer der seltenen Fälle einer männlichen Partnerwahl. Die Amazonen halten jedoch dagegen und bezirzen die Männchen offenbar mit chemischen

Signalen – insofern haben sie beim evolutionären Wettrüsten die Nase vorn.

Aber auch wenn sich ein Männchen mit der »falschen« Partnerin paart, ist seine Investition nicht ganz verloren: Wird der Fremdgänger dabei von Weibchen seiner eigenen Art beobachtet, so steigt sein soziales Ansehen und er wird zu einem attraktiveren Sexualpartner – dieser weibliche Voyeurismus steigert also indirekt seine Fitness.

Manche Amazonen-Mollys gehen noch einen Schritt weiter: Sie drängen sich brutal zwischen ein balzendes Kärpflings-Pärchen, übernehmen die Position des Weibchens und versuchen so, das paarungswillige Männchen »abzuwerben« – durchaus mit Erfolg.

Ökologisch rätselhaft ist, dass die Schwarmgemeinschaft aus Amazonen-, Atlantik- und Breitkopfkärpflingen in den Flüssen des texanisch-mexikanischen Grenzgebiets derart stabil bleibt, denn die drei Arten besetzen sehr ähnliche ökologische Nischen und konkurrieren um dieselben Ressourcen. Eigentlich sollten die Amazonen die beiden anderen Arten rasch verdrängen, da sie als unisexuelle Art ja nur Weibchen produzieren und ihre Population damit doppelt so schnell wächst wie die der getrenntgeschlechtlichen Kärpflingsarten. Würden sie die anderen Arten aber völlig verdrängen, wäre das auch ihr Ende, denn ohne Fremdmännchen kollabiert ihr gynogenetisches Fortpflanzungsmodell. Vermutet wird, dass die männliche Wahl der Partnerin für diese Stabilität eine wichtige Rolle spielt. So erhalten Amazonen von ihren Partnern wohl weniger Sperma als arteigene Weibchen, und ihre Attraktivität hängt offenbar zudem von der Anzahl der Amazonen ab.

Verblüffendes von der Roten Königin

Aber auch genetisch stellen Amazonen-Mollys ein Rätsel dar. Diese nur aus Weibchen bestehende Art hat sich nicht wie üblich durch räumliche Trennung aus ihren Vorfahren entwickelt (allopatrische Artbildung), sondern entstand vor rund 125 000 Jahren als Produkt einer Hybridisierung zweier getrenntgeschlechtlicher Kärpflingsarten (siehe oben), mit denen sie sich heute noch ihren Lebensraum teilt. Dabei war der Atlantikkärpfling die mütterliche, der Breitkopfkärpfling die väterliche Ausgangsart. Seitdem sind unzählige parthenogenetische Generationen von Amazonen-Mollys geschlüpft, was theoretischen Modellen zufolge gar nicht möglich sein dürfte. Denn wie kann eine Art mit so geringer genetischer Variation überleben?

Damit kommen wir zur Rote-Königin-Hypothese. In Lewis Carrolls Kinderbuch »Alice hinter den Spiegeln« erklärt die Rote Königin der kleinen Alice: »Hierzulande musst du so schnell rennen, wie du kannst, wenn du am gleichen Fleck bleiben willst« – auf die Evolutionsbiologie übertragen heißt das, eine Art muss sich ständig und möglichst schnell an veränderte Lebensumstände anpassen, um im Rüstungsweltlauf mit Stressfaktoren, beispielsweise Parasiten, die Nase vorn zu haben. Und das ist ein starkes Argument für eine getrenntgeschlechtliche Fortpflanzung, bei der die Karten beziehungsweise Gene per Befruchtung neu gemischt werden, sodass für ein hohes Maß an genetischer Vielfalt gesorgt wird. Bei eingeschlechtlichen Arten fällt diese Mischung fort, daher gelten parthenogenetische Arten als evolutionäre Sackgasse, da die Ansammlung schädlicher Mutationen schon rasch nach ihrer Entstehung zu genetischer Degeneration und damit zum baldigen Aussterben der Art führen sollte.

Seltsamerweise ist dies bei Amazonen-Mollys nicht der Fall. Diese Weibchen weisen eine erstaunliche genetische Variabilität (Polymorphismus) sowie eine starke Mischerbigkeit (Heterozygotie) auf – die Dynamik der Roten Königin scheint außer Kraft gesetzt. Berechnungen zufolge sollten so eine Art nicht mehr als 10 000 bis 100 000 Generationen lang überleben – die Amazonen bringen es inzwischen auf mehr als 500 000 Generationen. Das heißt, wenn sich die Amazonenkärpflinge an die biologische Lehrbuchweisheit hielten, sollten sie längst ausgestorben sein, statt sich als offenbar stabile Populationen munter im Wasser zu tummeln.

Dem ist jedoch keineswegs so. Wie Felduntersuchungen ergeben haben, leiden Amazonen-Mollys nicht stärker unter Parasiten als ihre sich zweigeschlechtlich vermehrenden Ausgangsarten im selben Lebensraum. Sie verfügten sogar in wichtigen Teilen ihres Immunsystems über eine größere genetische Vielfalt als ihre Verwandtschaft. Das haben sie höchstwahrscheinlich ihrer Entstehung aus zwei Arten (durch Hybridisierung) zu verdanken. Es ist wohlbekannt, dass Mischlinge (Hybride) in vielerlei Hinsicht besonders robust und leistungsfähig sind (Heterosis-Effekt). Im Fall der Amazonen-Molly hat die Kombination der Gene zweier Elternarten offenbar zu einem solchen positiven »Kreuzungseffekt« mit einer entsprechenden Genvielfalt geführt, der bis heute andauert. Das zeigt, dass parthenogenetische Organismen sexuell erzeugten Individuen nicht unbedingt unterlegen sein müssen, wenn es um biologische Fitness geht – man muss sich nur die richtigen Eltern(arten) aussuchen!

Warum ist Artbildung durch Hybridisierung unter Wirbeltieren so selten?

Möglicherweise spielt Artbildung durch Hybridisierung eine wichtigere Rolle für die Evolution als bisher angenommen. Jedenfalls sind offenbar alle bisher bekannten rein weiblichen Fisch- und Amphibienarten durch Hybridisierung entstanden und pflanzen sich parthenogenetisch fort. Wenn das so gut klappt und Artbildung durch Hybridisierung mit anschließender Parthenogenese beziehungsweise Gynogenese keine evolutionäre Sackgasse ist, dann fragt man sich, warum es nicht öfter geschieht. Nun, dazu müssen zum einen geeignete Elternarten mit kompatiblem Erbgut zusammenkommen, was alles andere als selbstverständlich ist, also gewisse räumliche sowie genetische Voraussetzungen gegeben sein. Und zum anderen gibt es offenbar auch ein Zeitfenster, denn interessanterweise wurden in freier Wildbahn bei den Atlantik- und Breitkopfkärpflingen bislang keine neuen Hybriden gefunden. Möglich also, dass eingeschlechtliche Fortpflanzung nicht deshalb so selten ist, weil sie ökologisch und evolutionär nicht erfolgreich ist, sondern weil genomische Kombinationen, die Überleben und erfolgreiche Fortpflanzung erlauben, so selten und unwahrscheinlich sind. Eine Evolution parthenogenetischer Arten ist dennoch möglich – zum Beispiel durch positive Mutationen.

Paarungssysteme:
wer mit wem und wie vielen?

Die Entwicklung von Sexualität und zwei Geschlechtern war ein wichtiger Schritt in der tierischen Evolution, um die genetische Vielfalt zu fördern. Sie führte zu unterschiedlichen Erscheinungsbildern und Merkmalskombinationen innerhalb einer Art, unter denen die natürliche Selektion ihre Auswahl treffen kann.

In der Evolutionsforschung ging man zunächst davon aus, dass Anpassungen dem Arterhalt dienen und die natürliche Selektion auf der Ebene der Art stattfinden würde. Inzwischen besteht jedoch kein Zweifel mehr, dass die Selektion am Individuum ansetzt: Besser angepasste Individuen haben bessere Fortpflanzungschancen und damit einen höheren Gesamtreproduktionserfolg. Und der drückt sich in fitten Nachkommen aus – je mehr, desto besser. Dabei ist die Frage, wer der Vater war, aus Sicht des Weibchens dabei zweitrangig, aus Sicht des Männchens hingegen ganz entscheidend und kennzeichnet den Umgang der Geschlechter miteinander[38].

Da die Nachkommenzahl eines Weibchens (Gelegegröße, Anzahl der Trächtigkeiten) biologisch begrenzt ist, investieren Weibchen durch die Brutpflege mehr in den Nachwuchs als die Männchen. Männchen können hingegen eine fast unbegrenzte Zahl von Nachkommen produzieren; um ihren Fortpflanzungserfolg zu optimieren, kümmern sie sich daher bei den meisten Tiergruppen nicht um den Nachwuchs. *Cherchez la femme* ist für sie eine bessere Strategie, als ein *good Daddy at home* zu sein. Doch der Fortpflanzungserfolg ist im männlichen Geschlecht deutlich ungleicher verteilt als im weiblichen: Während fast alle Weibchen Nachwuchs produzieren (Ausnahmen bilden lediglich Arten, in denen nur dominante Weibchen reproduzieren), kommen häufig nur wenige besonders fitte Männchen zur Fortpflanzung. Der Rest geht leer aus.

Die männliche Strategie des Sich-Verdrückens geht nur bei Arten auf, wo ein Elternteil – in aller Regel die Mutter – die Jungenaufzucht allein meistern kann, ohne die Fitness des Nachwuchses zu gefährden. Bei Vögeln sind dies Arten, bei denen die Jungen Nestflüchter sind und sich selbst ernähren können. Bei Säugern sind die meisten Weibchen »alleinerziehend«. Kann ein Elternteil die Aufzucht jedoch nicht allein bewältigen, kommt es zur Kooperation beider Geschlechter und die Männchen helfen bei der Aufzucht der gemeinsamen Jungen. Das ist bei der großen Mehrheit aller Vogelarten (ca. 90 Prozent) der Fall, aber nur bei wenigen Säugerarten (ca. fünf Prozent), zum Beispiel bei Raubtieren (Wölfe, Hyänen, Löwen) und Primaten (Nachtaffen, Gorillas, Menschen). Kooperation und Konflikt zwischen den Geschlechtern sowie innerhalb ein und desselben Geschlechts gehören zu den Triebkräften bei der Evolution verschiedener Paarungssysteme.

Alles im Angebot: von häufigem Partnerwechsel bis zur festen Paarbindung

Da ist zum einen die **Promiskuität**, ein unverbindliches Sozialsystem ohne besondere Paarbindung, bei dem sich Männchen wie Weibchen mit jeweils mehreren Partnern des anderen Geschlechts paaren. Bei viele Meerestieren, von Korallen bis Fischen, gibt es keine Paarbindung und Fürsorge für den Nachwuchs: Spermien und Eizellen werden einfach synchron ins Wasser abgegeben (äußere Befruchtung), und das war's. Bekannte Beispiele für promiske Säugetiere (innere Befruchtung) sind Primaten wie Schimpansen und Bonobos. Ein derartiges Paarungssystem führt zwangsläufig zur Spermienkonkurrenz, denn es kommt nicht nur darauf an, wer sich mit wem paart, sondern auch, wessen Spermien letztlich die Eizelle befruchten. In diesem Fall gilt: Die Menge macht's – je mehr Spermien ein Partner liefert, desto höher die Befruchtungswahrscheinlichkeit und damit der Fortpflanzungserfolg. Zudem führen promiske Paarungssysteme zur Verhüllung der Vaterschaft. Kein Männchen weiß, welches seine Nachkommen sind – oder ob es überhaupt Nachkommen gezeugt hat. Infolgedessen kümmern sich die Männchen auch nicht um die Weibchen und deren Nachwuchs.

Zum anderen gibt es die **Polygamie**, bei der ein Geschlecht sexuelle Beziehungen zu mehreren Partnern des anderen Geschlechts hat.
- Weit verbreitet ist die *Polygynie*, bei der sich ein Männchen mit mehreren Weibchen paart. Ein solches Haremssystem findet man beispielsweise bei manchen Fischarten, aber auch bei vielen Säugetierarten, zum Beispiel Gorillas. Hier ist die Spermienkonkurrenz gering, und das Männchen kann sich (recht) sicher sein, dass der Nachwuchs tatsächlich der seine ist. Polygynie geht in der Regel mit einem ausgeprägten Geschlechtsdimorphismus einher – die Männchen, die um einen Harem konkurrieren, sind deutlich größer und schwerer als die Weibchen, man denke nur an Silberrückenmännchen bei Gorillas und See-Elefantenbullen (siehe Seite 65). Haremsgröße und Körpergröße der Männchen sind im Tierreich korreliert; je größer der Bulle, desto größer der Harem. Man beachte, dass bei diesem Paarungssystem nur ein Geschlecht, nämlich das männliche, polygam ist. Die Weibchen sind mangels Gelegenheit zwangsläufig monogam (siehe unten) – jedenfalls solange bis der Pascha von einem jüngeren und kräftigeren Nachfolger abgelöst wird.
- Bei manchen gesellig lebenden Arten (siehe See-Elefanten) gibt es zwar ein dominantes Alphamännchen, das eifersüchtig darüber wacht, dass kein anderes Männchen seinen Frauen zu nahe-

kommt. Aber auch ein Alphamännchen kann nicht überall zugleich sein, sodass sich untergeordnete Männchen (so genannte »Sneaker«; Schleicher) doch manchmal heimlich mit einem Weibchen paaren. Polygynie geht in der Regel mit einem patriarchalen Gesellschaftssystem einher.
- Allgemein seltener ist die *Polyandrie*, bei der sich ein Weibchen mit mehreren Männchen paart. Sie ist vor allem bei sozialen staatenbildenden Insekten weit verbreitet (zum Beispiel Bienen, Ameisen, Termiten); bei Wirbeltieren findet man sie bei einigen Fischarten, einigen wenigen Vogelarten (Wassertreter, Jacana), der einen oder anderen Primatenart (Tamarine) und bei den Nacktmullen, deren Gesellschaft ähnlich wie die von sozialen Insekten organisiert ist. Polyandrie tritt unter Wirbeltieren vor allem dann auf, wenn es zur Aufzucht des Nachwuchses mehr als des Elternpaars bedarf. Spermienkonkurrenz spielt hier – wie bei der Polygynie – keine große Rolle. Bei polyandrischen Beziehungen sind die Weibchen polygam, die Männchen monogam, und es herrscht in der Regel ein matriarchales Gesellschaftssystem.

Den im Tierreich weit verbreiteten promisken oder polygamen Paarungssystemen steht die **Monogamie** gegenüber, bei der sich beide Geschlechter (mehr oder minder) ausschließlich mit ein und demselben Individuum paaren. Monogamie ist selten: Nur etwa ein Prozent aller Tierarten gilt als monogam. Bei Wirbellosen liegt das Verhältnis schätzungsweise bei einer zu 10 000, bei Säugern bei dreien von 100. Eine bemerkenswerte Ausnahme bilden die Vögel, bei denen rund 90 Prozent der Arten zumindest als *sozial monogam* (siehe unten) gelten. Vogelmütter können bekanntlich keine Milch zur Jungenaufzucht produzieren (Ausnahme Tauben und Flamingos, bei denen beide Geschlechter eine Kropfmilch bilden), sondern müssen aktiv Nahrung für den Nachwuchs herbeischaffen. Bei Insektenfressern und Greifvögeln kann ein Weibchen dies nicht alleine bewerkstelligen, ohne den Nachwuchs lange alleine und ungeschützt zu lassen. Es benötigt das Männchen als Brutpartner[39].

Eine monogame Beziehung kann zeitweilig (zum Beispiel eine Brutperiode) oder lebenslang »bis dass der Tod euch scheidet« andauern (zum Beispiel Pärchenegel, wenige Fische, viele Vögel, wenige Primaten). Häufig kann man eine Arbeitsteilung beobachten, das heißt, meist sind die Männchen für die Nahrungsversorgung, die Weibchen für die Aufzucht der Jungtiere zuständig. Da sich die Männchen in monogamen Paaren ihrer Vaterschaft relativ sicher sind, beteiligen sie sich auch an der Aufzucht des Nachwuchses.

Was hält monogame Paare zusammen?
Vermutlich sind es chemische Botenstoffe, Hormone. Bekannt ist, dass das Peptidhormon Oxytocin als Bindungshormon wirkt. Es wird bei der Paarung vermehrt gebildet und stärkt die Paarbildung. Bei Männchen kommt noch ein weiteres Bindungshormon, Vasopressin, hinzu. Präriewühlmäuse leben üblicherweise im Harem (polygyn); spritzt man den Männchen aber die Hormone Oxytocin und Vasopressin, so ziehen sie eine monogame Beziehung vor und bleiben nur mit einem Weibchen zusammen.

Bei Monogamie herrscht nur eine begrenzte Spermienkonkurrenz, denn sie geht mit einer engen Paarbindung einher. Wenn man allerdings genauer hinschaut, stellt man fest, dass die meisten monogamen Arten, wie Trauerschnäpper, Seggenrohrsänger und Heckenbraunelle (siehe Seite 99), sich Seitensprünge erlauben, wenn die Gelegenheit günstig ist und der Gatte/die Gattin gerade nicht hinschaut. Sie paaren sich außerhalb der monogamen Beziehung – und zwar Männchen wie Weibchen –, sodass auch bei monogamen Arten Spermienkonkurrenz eine gewisse Rolle spielt. Das kann den individuellen Fortpflanzungserfolg erhöhen, weil die Nachkommen genetisch variabler sind und sich eine schlechte Partnerwahl so zumindest teilweise korrigieren lässt. Daher wird sie von der natürlichen Selektion gefördert. Da dieses Verhalten so häufig und strikte Monogamie eher selten ist, spricht man inzwischen von »sozialer Monogamie«. Dass Seitensprünge so verlockend sind, könnte unter anderem am Coolidge-Effekt liegen, dem »Reiz des Neuen«, der für eine größere genetische Vielfalt sorgt.

Schon Charles Darwin erkannte die sexuelle Selektion als wichtiges Prinzip innerhalb der natürlichen Selektion (siehe Seite 10). Für die sexuelle Selektion spielt die Promiskuität der Männchen eine wichtige Rolle. Als Sohn seiner Zeit ignorierte Darwin allerdings (eventuell bewusst), dass auch die Weibchen promisk sein können und bei Gelegenheit fremdgehen – schließlich war das Thema im viktorianischen Zeitalter tabu, erst recht weibliche Untreue[40]. Heute wissen wir, dass die Promiskuität auch im weiblichen Geschlecht eine wichtige Rolle spielt – die männliche Spermienkonkurrenz ist eine direkte Konsequenz dieser weiblichen Promiskuität (siehe Kapitel »Die Vaterschaft sichern«).

Die verschiedenen Paarungssysteme bei Wirbeltieren gehen mit unterschiedlichen Sozialsystemen einher. Über die monogamen Elternfamilien haben wir bereits gesprochen. Bei einigen wenigen Arten kümmern sich ausschließlich die Männchen um die Familie; solche **Vaterfamilien** kennt man von manchen Fischen (zum Beispiel Seepferdchen) und Vögeln (zum Beispiel Odins- und Thorshühnchen, Straußenvögel). Bei den im Südamerika lebenden Nandus bebrüten die Männchen Gelege verschiedener Weibchen und betreuen unter Umständen anschließend auch mehrere Dutzend Küken. Am häufigsten sind reine **Mutterfamilien**, wie man sie bei einigen Fischen (Maulbrüter, Buntbarsche) und Vögeln (Enten) sowie den meisten Säugetieren findet. Darüber hinaus gibt es **Haremsfamilien** mit einem dominanten Männchen und vielen Weibchen samt ihrem Nachwuchs sowie **Großfamilien**, in denen viele Familien zusammenleben.

Aber nicht nur bei Wirbeltieren, sondern auch bei Insekten findet man hoch entwickelte Sozialsysteme. Termiten[41] und Hautflügler

– wie Ameisen, Bienen und Wespen – bilden Staaten mit verschiedenen Kasten, die unterschiedliche Aufgaben (Brutpflege, Nahrungsbeschaffung, Verteidigung etc.) übernehmen und in denen mehrere Generationen zusammenleben (Eusozialität). Die Staaten der Hautflügler sind matriarchalisch in Familienverbänden aus Mutter und Töchtern organisiert. Nur die Königin legt Eier; wenn diese befruchtet sind, entstehen Weibchen mit doppeltem Chromosomensatz, die vor allem als Arbeiterinnen fungieren. Aus unbefruchteten Eiern entstehen Männchen mit einfachem Chromosomensatz (Haplodiploidie, siehe Glossar), deren einzige Aufgabe es ist, auszuschwärmen und eine Königin zu befruchten. Die Königin wird nur einmal im Leben – jedoch von bis zu einem Dutzend Männchen – befruchtet und speichert deren Sperma in einem Vorratsbehälter (Spermatothek), in der es jahrelang überdauern kann.

Und wir?

Eine Art, die all diese Paarungssysteme zelebriert, ist unsere eigene Art, *Homo sapiens*. Wir besitzen ein besonders leistungsfähiges Gehirn und sind höchst soziale Wesen, die ihr Sprachtalent besonders gern für Klatsch und Tratsch einsetzen. Außerdem zeichnen wir uns durch Uneigennützigkeit (Altruismus) und Kooperationsbereitschaft aus, aber auch durch gesteigerte Sexualität. Wir gelten wie unsere nächsten Verwandten, die Bonobos, als hypersexuelle Art, bei der nicht auf Fortpflanzung ausgerichteter Sex an der Tagesordnung steht. Anders als die meisten anderen Säugetiere sind erwachsene Menschen jederzeit in der Lage, sich zu paaren, nicht nur in der empfänglichen Phase der Frau. Vermutlich dient die intensive Paarungsaktivität dazu, den Paarverbund zu stärken.

In vielen westlichen industriellen Kulturen dominiert die zeitweise oder soziale Monogamie[42]. Polygynie (Haremsbildung) war und ist zum Beispiel in vielen östlichen Kulturen unter dem Einfluss des Islam weit verbreitet (man schätzt, dass mehr als drei Viertel aller Kulturen ein polygynes Sozialsystem besitzen). Das heißt jedoch nicht, dass alle Männer einen Harem besitzen – die meisten Männer können sich glücklich schätzen, wenn sie *eine* Frau finden. Nur die reichsten und einflussreichsten »Paschas« können sich einen Harem mit mehreren oder vielen Frauen leisten. Polyandrie kam und kommt ebenfalls bei einigen Kulturen auf dem indischen Subkontinent vor, ist aber heutzutage sehr selten.

Und dann gibt es bei uns noch etwas Besonderes, nämlich das Zölibat, die Ehe- und Nachwuchslosigkeit, wie sie zum Beispiel manche religiösen Vereinigungen von einem Teil ihres Personals verlangen. Zwar bleiben auch im nicht-humanoiden Tierreich viele Männchen (seltener Weibchen) ohne Nachwuchs, doch das geschieht unfreiwillig, sie kommen einfach nicht zum Zuge. Ein freiwilliger, bewusster Verzicht auf Fortpflanzung ist ein rein menschliches »Kulturgut«.

Welches Paarungssystem uns Menschen evolutionsbiologisch »in die Wiege gelegt« worden ist, lässt sich nicht ohne Weiteres sagen – die Spannbreite bei unseren nächsten Verwandten reicht von den promisken und bisexuellen Bonobos bis zum Haremssystem der Gorillas. Sozial monogam lebt jedenfalls keiner unserer nächsten Verwandten (selbst Gibbons, die lange als monogam galten, erlauben sich Seitensprünge, sind also nur »sozial monogam«). Unsere Vorfahren, die viele Hunderttausend Jahre als Jäger und Sammler lebten, hatten vermutlich eine eher egalitäre Sozialstruktur. Es gibt viele Theorien dazu, welche ökologischen und sozialen Faktoren zu der engen Paarbindung mit gemeinsamer »Brutfürsorge« geführt haben, die wir beim Menschen finden, doch sie müssen zwangsläufig spekulativ bleiben.

Partnersuche:
Cherchez la femme (meistens jedenfalls)
Bevor es zur Fortpflanzung kommen kann, müssen sich geeignete Paarungspartner finden. Das klingt einfacher, als es ist – auch bei *Homo sapiens* ist das Dating eine aufregende, oft stressige und nicht

immer erfolgreiche Angelegenheit. Bei der Partnersuche kann man ganz allgemein drei Phasen unterscheiden: 1. Anlocken der Partnerin, 2. Ritualisierte Werbung (Balz) und 3. Paarung.

Die Partnersuche stellt für viele Tierarten ein nicht unerhebliches Problem dar, insbesondere für solche, die ungesellig leben und deren Populationsdichte gering ist. Die meisten Wirbellosen finden potenzielle Partner über arteigene Duftsignale, Pheromone, die von Männchen oder Weibchen produziert werden. Viele Insektenarten haben sehr empfindliche Geruchsrezeptoren auf den Fühlern, über die sie geringste Mengen von Duftstoffmolekülen wahrnehmen können. Zudem können sie einem Duftstoffgradienten folgen und auf diese Weise zur Quelle, also dem Geschlechtspartner, gelangen.

Auch Säugetiere orientieren sich nicht nur akustisch und optisch, sondern auch an geruchlichen (olfaktorischen) Signalen. Für Vögel spielt der Geruch bei der Partnerfindung hingegen kaum eine Rolle; die Männchen setzen vor allem ihre Stimme ein, um potenzielle Partnerinnen anzulocken.

Minnegesang und buntes Brutkleid

Über das Paarungsverhalten von Vögeln wissen wir recht gut Bescheid, weil die meisten Arten tagaktiv sind und die Männchen durch Singen und oft buntes Gefiederkleid auf sich aufmerksam machen. Zu Beginn der Brutzeit besetzen die meisten Singvogelmännchen, die in der Regel in Einehe leben, ein Brutrevier, das sie gegen Rivalen vehement verteidigen. Dabei markieren sie ihr Revier durch auffällige Gesänge, die in einem Radius von rund 50 bis 100 Metern zu hören sind – dies ist auch die durchschnittliche Größe eines Singvogelreviers, in dem sich das Eheleben eines Paares und dessen Nahrungssuche abspielt. Männliche Artgenossen erkennen diese Gesänge und vermeiden es möglichst, in das Revier des Nachbarn einzudringen. Tun sie es dennoch, drohen ihnen wütende Angriffe des Revierinhabers[43].

Über die Revierverteidigung hinaus signalisiert der Gesang potenziellen Partnerinnen die Anwesenheit des Männchens. Aber nicht nur durch Gesang und ein buntes Kleid lassen sich Vogelweibchen bezirzen[44]. Männliche Leierschwänze und Laubenvögel können zwar nicht besonders gut singen, errichten aber stattdessen beeindruckende Balz-Arenen und Lauben, die sie ausschmücken. Je aufwendiger geschmückt diese Balzplätze sind, desto attraktiver wirkt ihr Besitzer (siehe Seite 103 ff.). Und männliche Kraniche, Albatrosse und Tölpel versuchen das Herz einer Partnerin durch besonders elegante Tanzrituale zu gewinnen.

Einige Vogelmännchen überreichen ihrer Partnerin bei der Balz auch Geschenke, beispielsweise Nistmaterial. So übergeben Weißstörche Zweige, Basstölpel und Kormorane Algen, Saruskraniche Strohhalme, Adeliepinguine Steinchen und Paradiesvögel Blätter. Falken-, Meisen-, Raben- und Seeschwalbenmännchen bringen ihrer Partnerin Nahrung zur Begrüßung (Balzfüttern); das kann die körperliche Fitness der Weibchen und damit den Bruterfolg steigern. Während Papageien und Gimpel die Dame ihres Herzens mit Schnabelflirten und Zärtlichkeitsfüttern verwöhnen, synchronisieren andere Vogelpärchen ihr Verhalten durch Duettgesänge[45], zum Beispiel Schmuckbartvogel, Honigfresser und Wendehals. Die Krönung einer erfolgreichen Balz ist dann die Paarung (Kopulation).

Säugetiere: der Nase nach

Bei Säugetieren wissen wir weniger über die Partnerwahl. Wie Vögel haben auch viele Säugetiere Jagd- und Fortpflanzungsreviere, die sie aber meist nicht durch Rufe oder Gesänge, sondern durch Gerüche markieren. Vor allem nachtaktive Arten sind mit der Nase unterwegs; für sie sind die Duftmarken chemische Hausschilder. Bei anderen, meist gesellig lebenden Arten kommen optische und akustische Signale hinzu.

Da wir Menschen Mikrosmatiker sind, deren Geruchssinn im Vergleich zu Hund oder Katze (die zu den Nasentieren, den Makrosmatikern, zählen) recht schwach entwickelt ist, können wir nur ahnen, wie ihre Umwelt aussieht. Über die Duftmarken[46] erhalten andere Individuen vielfältige Informationen darüber, ob der Duft-Produzent ein Männchen oder vielleicht ein paarungswilliges Weibchen im Östrus ist. Diese arttypischen Duftstoffe[47], Pheromone genannt, helfen vielen Tieren, zur rechten Zeit einen geeigneten Partner zu finden (siehe Seite 109 ff.).

Viele Säugetiere leben als Einzelgänger (zum Beispiel Hamster, Eichhörnchen): Männchen und Weibchen treffen nur kurz zur Paarung zusammen und gehen dann wieder ihre eigenen Wege; nur wenige bleiben zeitlebens als Paare zusammen (zum Beispiel Gibbons). Andere Säugetiere leben in Gruppen oder Rudeln (zum Beispiel Wölfe, Ratten, Paviane), die ihre Reviere gegen Gruppenfremde verteidigen. Innerhalb der Rudel regeln Rangordnung und ritualisierte Rivalenkämpfe unter Männchen den Zugang zu paarungsbereiten Weibchen und damit die Fortpflanzung.

Damenwahl und das Handicap-Prinzip

Wie Charles Darwin bereits 1871 in seinem Buch »The Descent of Man: Selection in Relation to Sex« (»Die Abstammung des Menschen und die geschlechtliche Zuchtwahl«) vermutete, sind es die Weibchen, die den Partner aktiv wählen, und nicht die Männchen, wie meist angenommen – diese Theorie der Weibchenwahl oder Damenwahl *(female choice)* war schon im 19. Jahrhundert gesellschaftlich nicht besonders populär.

Da ein Weibchen in Verlauf des Lebens nur eine begrenzte Anzahl von Nachkommen produzieren kann, sollte es bei der Wahl des geeigneten Partners kritisch sein und einen besonders fitten Vater mit guten Genen für die gemeinsamen Nachkommen aussuchen (so genannte *good gene hypothesis*). Die Männchen können dagegen theoretisch viele Nachkommen zeugen, für sie ist Sex billig. Aber woran soll ein Weibchen erkennen, ob ein Männchen gute Gene hat, gesund und fit ist und bei sozial monogamen Arten voraussichtlich in der Lage ist, den Nachwuchs ausreichend zu versorgen? Dazu orientiert sich das Weibchen offenbar an indirekten Merkmalen (bei Vögeln farbenfrohes Gefieder, ausdauernde Gesänge und Balzverhalten), die mit der Fitness verknüpft sind und deren Zurschaustellung viel Energie kostet; man nennt sie auch **ehrliche Signale**, da sie vom Sender kaum zu manipulieren sind. Wenn ein Vogelmännchen besonders ausdauernd und virtuos singt, kann man davon ausgehen, dass es fit ist, da ein kranker Vogel kaum die Kraft dazu aufbrächte. Zudem muss der gute Sänger schnell und effektiv Nahrung finden, denn die Nahrungssuche ist meist eine aufwendige Tätigkeit, und nur wer fit ist, hat neben der Nahrungssuche auch noch Zeit für lange Arien. Allerdings sind besonders bunte und laute Individuen auffälliger und erregen daher eher die Aufmerksamkeit von Fressfeinden (»**Handicap-Prinzip**«). Theoretisch sollten solche Luxusmerkmale eher schlecht für das Überleben der Männchen sein und nicht von der natürlichen Selektion bevorzugt werden.

Viele Vogelarten reichern rot gefärbte Karotinoide – eine Vorstufe des Vitamins A – in Haut, Federn oder Schnabel an (man denke an den orangeroten Schnabel der Amsel). Auch die Karotinoid-Speicherung gilt als ein ehrliches Signal, da nur fitte und gesunde Männchen in der Lage sind, die wertvollen Karotinoide lediglich zu Showzwecken zu speichern. Diese Karotinoide müssen mit der Nahrung aufgenommen werden, da sie nicht vom Vogel selbst produziert werden können. Bei amerikanischen Hausgimpeln *(Haemorhous mexicanus)* kann man die rote Gefiederfärbung der Männchen durch Verfütterung von Karotinoiden verstärken. Diese besonders roten Männer werden bevorzugt als Partner gewählt. Solche ehrlichen Signale sind zwar aufwendig, müssen sich aber nicht unbedingt negativ aufs Überleben auswirken.

Beach Master mit Weibchen und Nachwuchs. (Foto: Brocken Inaglory, Wikimedia Commons)

Es gibt noch eine weitere, schon von Charles Darwin geäußerte Vermutung, nämlich dass (Vogel-)Weibchen einen angeborenen Schönheitssinn haben und ihren Partner aus ästhetischen Gründen – »So ein hübscher roter Schnabel!« – als Vater ihrer Kinder wählen. Diese These ist interessant, aber bislang nicht ausreichend belegt und lässt sich kaum von anderen Interpretationen der Weibchenwahl trennen[48].

Eingeschränkte Damenwahl: Haremsgesellschaften zu Wasser und zu Lande

Bei Säugetieren kämpfen die Männchen häufig untereinander um den Rang. Das siegreiche Alphamännchen besetzt ein Revier, in dem es die Weibchen für sich allein beansprucht. Bei einem solchen Haremssystem ist die Wahlfreiheit der Weibchen eingeschränkt.

Typisch für Haremsgesellschaften ist ein auffälliger Geschlechtsdimorphismus. Besonders ausgeprägt ist er bei See-Elefanten *(Mirounga angustirostris)*, bei denen die dominanten Bullen mit 3,5 Tonnen viermal so viel auf die Waage bringen wie ein erwachsenes Weibchen (Handicap Fett/Masse). Von diesen imposanten Tieren konnte ich (MW) mir 2009 bei einer Fahrt durch Kalifornien selbst ein Bild machen. Wenn man von Monterey Richtung Santa Barbara fährt, nähert sich der Highway an einer Stelle der Küste einer Kolonie See-Elefanten. Um 2010 lebten dort über 15 000 dieser großen Robben, meist Weibchen und Jungtiere, teils unmittelbar an der Straße. Am Strand verteidigen die Bullen lautstark ihr Revier von mehreren Hundert Quadratmetern gegen andere Männchen. Die Kämpfe sind brutal, Bissverletzungen sind an der Tagesordnung, und die Sterblichkeit unter männlichen See-Elefanten ist hoch; weniger als ein Drittel überlebt bis zur Geschlechtsreife. Aber auch von den Überlebenden schaffen nur rund zehn Prozent, ein Revier zu erobern – die übergroße Mehrheit geht leer aus, denn die älteren, überlegenen Bullen monopolisieren ihren Harem, frei nach dem Motto »The winner takes them all« (Bateman-Prinzip).

In der Monterey-Kolonie leben in der Brunftzeit bis zu 200 paarungswillige Weibchen. Sie kommen zur Geburt an Land, gebären meist nur ein Junges und säugen es bis zu vier Wochen. Schon wenige Tage nach dem Abstillen kommen sie wieder in Hitze (Östrus). Sofort werden sie vom »Beach Master« (Strandmeister), in dessen Revier sie geworfen haben, mehrfach begattet. Dann kehren die Weibchen ins Meer zurück, um ihre Nahrungsreserven aufzufüllen. Einige Monate später kommen sie erneut an den heimischen Strand. Ihre einzige »Freiheit« bei der Partnerwahl besteht in der Wahl ihres Liegeplatzes und damit des Reviers, in das sie sich begeben. Und da kann es unter den Weibchen durchaus zum Streit um die besten Liegeplätze und damit die beliebtesten Beach Master kommen. Anschließend ist's vorbei mit der Wahlfreiheit: Ein Weibchen, das sich in ein Revier begibt und anschließend gegen die Avancen des Paschas wehrt, wird unter der enormen Masse des Bullen einfach ruhiggestellt.

Tagaktive Säugetiere leben oft in Rudeln zusammen: Unser Rothirsch ist ein gutes Beispiel für ein solches Haremssystem. Dort kommt es in der Brunftzeit häufig zu ritualisierten Kämpfen (Imponiergehabe), bei denen die Männchen einander mit ihren Geweihen attackieren. Der Hirschbulle, der in diesen Kämpfen unterliegt, wird vom Sieger verjagt, der nun allein im Harem für Nachwuchs sorgt. Die Ausbildung der großen Geweihe ist sehr kostenaufwendig (Handicap). Ob die Entwicklung solcher Geweihe auf eine »Damenwahl« (die Weibchen wählen das Rudel mit dem prächtigsten Hirsch) oder auf innerartliche Konkurrenz unter Männchen zurückgeht, ist umstritten – möglicherweise greifen beide Faktoren Hand in Hand. Wie eine große Körpermasse (siehe oben) sind große Geweihe jedenfalls ehrliche Signale, und ihre Träger haben einen höheren Fortpflanzungserfolg als Hirsche mit kleinerem Kopfschmuck.

Versteckte Weibchenwahl

Auch nach der Paarung haben die Weibchen oft noch die Wahl, welches Männchen Vater ihrer Kinder werden soll. Dieser Auswahlprozess, der versteckt im weiblichen Körper abläuft, wird als versteckte Weibchenwahl *(cryptic female choice)* bezeichnet. Weibchen können unter Umständen den Zeitpunkt der Besamung bestimmen, Spermien speichern und die Befruchtung der Eizelle kontrollieren – sie können Spermien/Spermatophoren aber auch ausstoßen oder als leckeren Snack konsumieren (siehe Staubläuse). Diese Prozesse sind bislang allerdings bei Weitem noch nicht so gut untersucht wie die »offene« Weibchenwahl oder die männliche Spermienkonkurrenz.

Wie das Leben so spielt

Im Folgenden es sich darum, wer bei einigen gesellig lebenden Säugetieren das Sagen hat, um extreme Fortpflanzungsmethoden bei Parasiten, um raffinierte Geschlechtswechsel bei Fischen und um die Anpassungsfähigkeit von Vögeln, wenn es um die Optimierung ihres Bruterfolgs geht.

Matriarchat statt Machismo: Bonobos versus Schimpansen

Als Beispiele für Promiskuität dienen uns Bonobos und Schimpansen, unsere nächsten Verwandten, die gleichzeitig im Zusammenleben matriarchale und patriarchale Gesellschaftsformen aufweisen.

Schimpansen und Bonobos sind Menschenaffen wie wir und unsere nächsten Verwandten; wir teilen rund 98 Prozent unserer DNA miteinander. Vor rund fünf bis sieben Millionen Jahren hatten Menschen, Schimpansen und Bonobos einen gemeinsamen Vorfahren, der im tropischen Afrika lebte[49, 50]. Die erst vor weniger als 100 Jahren als eigene Art entdeckten Bonobos *(Pan paniscus)* werden auch als Zwergschimpansen bezeichnet, obgleich sie nur unwesentlich kleiner und leichter sind als die kleinste Schimpansenunterart (Männchen ca. 40 Kilogramm, Weibchen ca. 30 Kilogramm), sie sind aber schlanker gebaut.

Beide *Pan*-Arten leben in Afrika, der »Wiege der Menschheit« (wo sich auch unsere *Homo*-Vorfahren entwickelt haben) und sind Regenwald- beziehungsweise Savannenbewohner. Erst seit rund 2 Millionen Jahren gehen beide Arten stammesgeschichtlich eigene Wege, wobei ihre heutigen Verbreitungsgebiete durch den Fluss Kongo getrennt sind. Beide Arten ernähren sich vorwiegend vegetarisch (Schimpansen konsumieren allerdings häufiger Fleisch als Bonobos) und leben in so genannten Fission-Fusion-Gesellschaften: Die Affen streifen allein oder in kleinen Gruppen umher, wobei sich die Zusammensetzung der Gruppe ständig wandeln kann – man findet sich zusammen (Fusion) und trennt sich wieder (Fission); nur Mütter und ihr noch abhängiger Nachwuchs bilden eine stabile Gemeinschaft.

Beide Arten sind promisk (Männchen wie Weibchen paaren sich mit mehreren Geschlechtspartnern, was die Vaterschaft verschleiert, siehe Seite 120), und bei beiden Arten verlassen die Weibchen, sobald sie geschlechtsreif werden, ihre Geburtsgruppe und schließen sich einer anderen Gemeinschaft an, während die Männchen »zu Hause« bleiben[51]. Das hört sich alles recht ähnlich an, dennoch

Der Schimpansenmann (links) ist deutlich kompakter gebaut als der Bonobomann (rechts). (Foto links: Rennett Stowe, rechts: Marie van Dieren, Wikimedia Commons)

haben Schimpansen und Bonobos zwei diametral entgegengesetzte soziale Systeme entwickelt: Während bei Schimpansen die Männchen das Sagen haben und die Gesellschaft ein Patriarchat ist, dominieren bei den Bonobos die Weibchen das soziale Geschehen – bei ihnen herrscht ein Matriarchat.

Schau mir in die Augen, Kleines!
Das ist wirklich erstaunlich, denn Bonoboweibchen sind Bonobomännchen körperlich ebenso unterlegen wie Schimpansenfrauen ihren Männern. Zudem sind die erwachsenen Männchen in einer Schimpansen- beziehungsweise Bonobogruppe miteinander verwandt und kennen sich ein Leben lang, die Weibchen sind hingegen ein »zusammengewürfelter Haufen« – all diese Voraussetzungen sprechen für eine patriarchale Gesellschaftsstruktur.

Dennoch leben Bonobos in einer eher egalitären und relativ friedlichen Gemeinschaft, in der die Weibchen eng zusammenhalten (auch die Mutter-Sohn-Bindung ist lebenslang sehr eng). Wie haben die Bonoboweibchen also Oberhand gewonnen? Obwohl die Bonobogesellschaft eher egalitär ist, genießen die älteren Weibchen

Paarungssysteme 69

häufig eine höhere Rangstellung, offenbar eine wichtige Voraussetzung für ein Matriarchat.

Nun, wie es aussieht, ist Sex der Schlüssel zum Verständnis ihres Soziallebens. Statt auf schimpansisches Machogehabe zu setzen, praktizieren bei Bonobos beide Geschlechter Sex in allen Lebenslagen, in denen Schimpansen auf Aggression setzen, und zwar in allen nur möglichen Konstellationen, ob homo- oder heterosexuell, mit Erwachsenen oder Kindern. Dabei zeigen sie sich so einfallsreich, als hätten sie das Kamasutra studiert – bei Bonobos sind Sex zur Fortpflanzung und Sex zum Stressabbau oder einfach zum Spaß eindeutig getrennt. Sex gehört bei ihnen ebenso selbstverständlich zum Alltag wie Essen und Trinken – und gelegentlich wird auch Sex gegen Nahrung getauscht. Da die Weibchen, sobald sie geschlechtsreif werden, abwandern, kommt es nicht zur Inzucht.

Zudem sind Bonobos die einzigen nichtmenschlichen Primaten, die regelmäßig heterosexuellen Sex von Angesicht zu Angesicht betreiben[52]. Und das spielt für ihr Sozialsystem und die Bindung unter Frauen offenbar eine wichtige Rolle: Kommt eine junge Zuwanderin in die Gruppe, sucht sie sich ein bis zwei ältere Weibchen als »Mentorinnen«, an die sie sich eng anschließt. Und lesbischer Sex wie das gegenseitige Aneinanderreiben der Genitalregionen von Angesicht zu Angesicht ist dabei die Währung, die der »Neuen« die Aufnahme in die Gruppe nicht verwandter Geschlechtsgenossinnen erleichtert und Frauenbündnisse stabilisieren hilft. Kennt man sich besser, ist dieser Augenkontakt nicht mehr so wichtig wie in der Anfangsphase.

Sexspielzeug

Bonobos sind sicherlich die sexuell aktivsten Affen, doch rein technisch sind ihnen die langschwänzigen Javaneraffen (Makaken) um einiges voraus. Dass Affen Werkzeuge benutzen, um an Nahrung zu gelangen, indem sie zum Beispiel mit Steinen Nüsse knacken, ist seit Langem bekannt. Dass sie Steinwerkzeuge auch dazu verwenden, sich Lust zu verschaffen, ist hingegen ziemlich neu. So konnten Forscher auf Bali kürzlich beobachten, dass wilde Javaneraffen beiderlei Geschlechts sorgfältig nach geeigneten Steinen suchen, um damit ihre Genitalregion zu reiben – »werkzeuggestützte Masturbation« heißt das in der sperrigen Sprache der Verhaltensforschung. Einen Anpassungswert hat dieses Verhalten wohl kaum. Wahrscheinlich macht es den Affen einfach nur Spaß.

Schimpansen sind vom Mars, Bonobos von der Venus – stimmt das?

Auf der einen Seite die Schimpansen, die in typisch männlicher Manier Kriege gegen ihresgleichen führen und Frauen brutal unterdrücken, auf der anderen Seite die Bonobos, »eine Kreuzung aus Dalai Lama und Alice Schwarzer«, wie der Primatologe Volker Sommer einmal spottete, die das alte Hippiemotto »Make Love, Not War« leben – das Standardklischee, das uns in den Medien von den beiden Schimpansenarten gern vermittelt wird. Ganz so sieht die Realität jedoch nicht aus. Wie die Hyänenweibchen, die ihrem höheren Status mehr Nahrung und damit einen höheren Fortpflanzungserfolg verdanken (siehe Seite 75 ff.), sichern sich auch Bonoboweibchen durch Bündnisbildung als Erste Zugang zum Buffet, vor allem bei hochwertigen Nahrungsmitteln wie Zuckerrohr oder Bananen. (Aber Bonobos sind keineswegs reine Vegetarier. Wenn sie gelegentlich Lust auf Fleisch haben, gehen beide Geschlechter auf Jagd – anders als bei Schimpansen, die in reinen Männerbünden jagen – und erbeuten nicht nur Waldantilopen, sondern auch kleinere Affen.)

All das zahlt sich aus – Bonoboweibchen produzieren im Schnitt fast ein Junges mehr als Schimpansinnen (was allerdings nichts daran ändert, dass die Weibchen auch bei den Bonobos allein die Last der Kinderfürsorge tragen).

Die Machtumkehr und die damit verbundenen Attacken von mehreren Weibchen auf Männchen bleiben nicht ohne Folgen: Viele

Bonobomännchen im Zoo, aber auch in freier Wildbahn, weisen Verletzungen auf, die von Bisswunden und zerfetzten Ohren bis zum abgetrennten Penis reichen. Kriege zwischen verschiedenen Bonobogruppen und gewaltsame Entführungen von Weibchen sind allerdings bei Bonobos bislang nicht beobachtet worden; sie sind als Art sicherlich friedlicher als Schimpansen, aber Pazifistinnen sind die Bonoboweibchen zweifellos nicht – wer Macht über andere hat, nutzt sie aus.

Warum machen es Schimpansinnen nicht wie ihre Bonoboschwestern?

Dadurch, dass Bonoboweibchen Bündnisse bilden, wie es bei Schimpansen die miteinander verwandten Männchen tun, können sie ihre Gesellschaft dominieren, obwohl sie den Männchen körperlich unterlegen sind. Das führt natürlich zu der Frage, warum sich Schimpansenweibchen nicht ebenfalls gegen die Machos verbünden, statt sich von ihnen verprügeln zu lassen.

Über die Antwort kann man nur spekulieren: Bonobos leben in einem kulinarischen Schlaraffenland, Futterneid ist bei ihnen kein großes Thema. Das mildert die Aggressionen zwischen Weibchen vermutlich deutlich und erlaubt mehreren Weibchen und ihren Jungen, gemeinsam umherzuziehen. Die Schimpansinnen auf der anderen Seite des Flusses müssen hingegen in kargerer Umgebung nach Nahrung suchen und sind daher eher einzelgängerisch (zudem müssen sie mit anderen Primaten, wie Gorillas und Pavianen, um Nahrung konkurrieren). Das erschwert das Bilden von Koalitionen nicht verwandter Weibchen, wie sie Bonobos formen, ganz beträchtlich.

Auf der anderen Seite: Warum lassen sich Bonobomännchen ihre Zurücksetzung gefallen, statt sich wie Schimpansenmänner zu verbünden und der Weiberherrschaft ein Ende zu setzen? Das ist noch schwieriger zu beantworten. Vielleicht leben Bonobos stammesgeschichtlich schon so lange in einer matriarchalen Gesellschaft, dass ihnen dieses System »in Fleisch und Blut« übergegangen ist und sie auch im Zoo nicht auf die Idee kommen, ihre körperliche Überlegenheit einzusetzen ...

Der letzte gemeinsame Vorfahr ...
... von *Homo* und *Pan*, ähnelte er in seinem Sozialverhalten stärker den Schimpansen oder den Bonobos? Was war zuerst da, das Patriarchat oder das Matriarchat? Darüber lässt sich trefflich spekulieren, aber da sich Gesellschaftssysteme nicht an Knochenfunden ablesen lassen, sind wir auf Spekulationen angewiesen. Heute gehen wir davon aus, dass der gemeinsame Vorfahr von Schimpanse, Bonobo und Mensch der (noch älteren) Gorillalinie nahestand. Da die heutigen Gorillas eine patriarchale Gesellschaftsstruktur und ein Haremssystem haben, hatte unser gemeinsamer Vorfahr vermutlich ein ähnliches Sozialsystem. Wenn das so ist, dann hätten sich Hypersexualität und die hohe Promiskuität bei *Homo* und *Pan* später unabhängig voneinander entwickelt.

Wir Menschenfrauen können uns jedenfalls glücklich schätzen, dass sich unsere Vormütter von der gemeinsamen Stammlinie getrennt haben, *bevor* die Vorfahrinnen von Bonobos und Schimpansen ihre üppigen Genitalschwellungen entwickelten – denn ein solcher »Hingucker« wird im Lauf der weiteren Evolution wohl kaum wieder zurückgebildet. Zumindest die Entwicklung unserer Mode und unseres Mobiliars wäre sonst völlig anders verlaufen ...

Weiberherrschaft bei Tüpfelhyänen: Dominanz hat ihren Preis
Matriarchale Gesellschaften sind unter Säugern seltene Ausnahmen. Das hat etwas mit dem oft ausgeprägten Geschlechtsdimorphismus zu tun. In der Regel sind die Männchen größer, stärker und aggressiver, und der Stärkere behält bekanntlich häufig auch dann recht, wenn er Unrecht hat. Tüpfelhyänen haben den Spieß im Lauf ihrer Evolution umgedreht, hier sind die Weibchen etwas größer und zudem aggressiver als die Männchen[53].

Tüpfel- oder Fleckenhyänen *(Crocuta crocuta)* sind in ganz Subsahara-Afrika verbreitet. Die Art ist die geselligste unter allen Raubtieren; ein Clan kann mehr als hundert Tiere umfassen, die in so genannten Fission-Fusion-Gesellschaften leben (wie es auch Schimpansen und Bonobos tun). Die Tiere kennen einander persönlich, bewohnen und bewachen ein gemeinsames Territorium, ziehen ihre Jungen in einem gemeinsamen Bau groß und teilen sich je nach Nahrungsangebot immer wieder in kleinere oder größer Gruppen auf, die gemeinsam auf Jagd gehen. Denn anders als allgemein angenommen sind Tüpfelhyänen vor allem Jäger, die Antilopen, Zebras und sogar Kaffernbüffel erbeuten, und erst in zweiter Linie Aasfresser. Tüpfelhyänen werden in freier Wildbahn rund 20 Jahre alt, wobei ein hoher Rang Lebenserwartung und Fortpflanzungserfolg steigert, weil er besseren Zugang zu Nahrung garantiert.

Was Tüpfelhyänen unter rudellebenden Raubtieren wie Löwen, Wölfen oder Hyänenhunden so außergewöhnlich macht, ist die Rangstellung der Weibchen: Diese Hyänen leben in einer matriarchalen Gesellschaft, das heißt, der Clan wird von einer Königin angeführt (aber nicht immer, siehe unten!), und alle Weibchen im Clan haben eine höhere Stellung als zugewanderte Männchen. Ausgewachsene Weibchen sind in der Regel nicht nur etwas größer und schwerer als Männchen, sondern auch deutlich aggressiver.

Maskulinisierung als weibliches Erfolgsrezept
Wirklich einzigartig unter Säugern ist die genitale Ausstattung einer weiblichen Tüpfelhyäne, denn ihre Geschlechtsorgane sind stark maskulinisiert (»vermännlicht«). Selbst erfahrene Zootierpfleger können äußerlich kaum zwischen Männchen und Weibchen unterscheiden (darum hat man nicht selten bei gleichgeschlechtlichen Paaren vergeblich auf Nachwuchs gewartet), denn die weibliche Klitoris ist zu einem langen Pseudopenis ausgezogen und kann erigiert werden wie ein männlicher Penis. Zur Begrüßung präsentieren die Männchen ihren erigierten Penis, die Weibchen einen erigierten

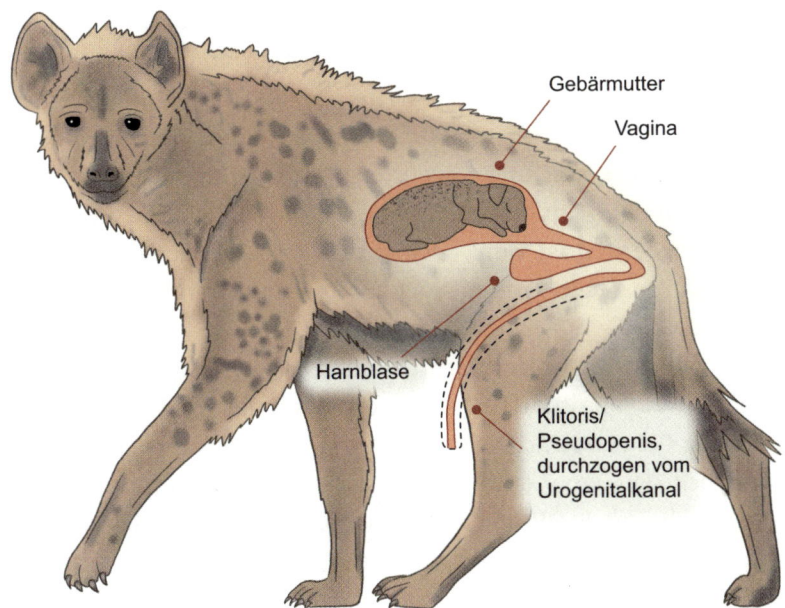

Weibliche Hyäne mit enorm verlängerter Klitoris. Dieser so genannte Pseudopenis ist hervorragend zum Imponieren geeignet, macht aber nicht nur die Paarung extrem schwierig, sondern auch die Niederkunft gefährlich für Mutter und Kind.
(Grafik: foxdesigner)

Pseudopenis. Zudem sind Tüpfelhyänenweibchen die einzigen Säugetiere, deren Scheide keine Öffnung nach außen hat, denn die Schamlippen bilden einen falschen Hodensack (Pseudoskrotum).

Damit ist der Kanal, der den Pseudopenis durchzieht, die einzige Öffnung, die von der Harnblase und von der Gebärmutter (Uterus) nach außen führt, und das Weibchen muss durch diese eine Öffnung nicht nur urinieren, sondern auch kopulieren. Das stellt das Männchen vor besondere Herausforderungen, wenn es um das Einführen des Penis geht, und erfordert einiges Geschick – wer schon einmal Bilder von solchen Paarungen gesehen hat, wo sich das Männchen, auf dem Hintern hockend, abmüht, bekommt unwillkürlich Mitleid. Bei diesem schwierigen Unterfangen ist das Männchen auf die uneingeschränkte Kooperation seiner Partnerin angewiesen, sie muss ihre Klitoris wie eine Ziehharmonika zusammenschieben, sodass sich ihm eine Öffnung bietet, durch die er seinen Penis einführen kann; erzwungener Sex, also Vergewaltigung – unter Säugetieren und Vögeln durchaus verbreitet (siehe Seite 148 ff.) –, ist bei Tüpfelhyänen physisch unmöglich. Die weibliche Maskulinisierung ist wohl auch für die im Vergleich zu anderen Hyänenarten recht geringe Nachkommenzahl der Weibchen verantwortlich.

Sind die Bemühungen des Männchens erfolgreich, so entwickelt sich im Lauf von rund 110 Tagen meist ein Junges (manchmal auch zwei) zur Geburtsreife. Die Geburt muss wieder durch den Pseudopenis erfolgen, einen anderen Ausgang gibt es nicht, und da das Junge in diesem Stadium ca. ein Kilogramm wiegt, ist das eine äußerst gefährliche und blutige Angelegenheit, bei der die Klitoris aufreißt. Weibchen, die schon geboren haben, kann man daher an der vernarbten Klitoris erkennen. Diese schwere Geburt führt bei erstgebärenden Weibchen zu einer hohen Müttersterblichkeit (ca. zehn bis 20 Prozent), und auch bis zu zwei Drittel der Jungen ersticken in dem engen Geburtskanal.

Wenn der Preis für die Maskulinisierung der weiblichen Geschlechtsorgane so hoch ist, geht die evolutionäre Rechnung dann überhaupt auf? Offenbar schon. Der entscheidende Faktor für den weiblichen Fortpflanzungserfolg ist ein voller Bauch, denn die Weibchen investieren, was Tragzeit und Aufzucht angeht, mehr Energie in ihre Jungen als alle anderen räuberischen Säuger – so leben die Jungen mindestens sechs Monate ausschließlich von der sehr nahrhaften, fett- und proteinreichen Muttermilch.

Um sich Zugang zu Nahrung zu sichern, lohnt es sich, möglichst aggressiv aufzutreten und den größten Brocken der Beute zu beanspruchen. Um dieses Privileg zu sichern, geben hochrangige Weibchen, allen voran die Königin, ihren Jungen in den letzten Trächtigkeitsstadien einen Extraschub Androgene[54] (männliche Geschlechtshormone) mit, die ihren Nachwuchs von Anfang an aggressiver als die Nachkommen niederrangiger Weibchen machen. Entscheidend für die Stellung in der Gruppe ist jedoch, dass Familienmitglieder einander unterstützen und Koalitionen bilden. Da die Weibchen in der Regel beim Clan bleiben, können sich so stabile »Weiberherrschaften« – so genannte matrilineare Dominanzhierarchien – herausbilden.

Nachkommen erben den Rang ihrer Mutter (»mütterliche Rangvererbung«). Sie stehen automatisch über den Weibchen, die ihrer Mutter untergeordnet sind. Das gilt für Töchter wie Söhne, solange Letztere beim Clan bleiben; wandern sie bei Erreichen der Geschlechtsreife ab und schließen sich einem anderen Clan an, müssen sie sich bei der Rangfolge ganz hinten anstellen.

Bei Tüpfelhyänen haben in der Regel sämtliche Weibchen Nachwuchs, doch der Fortpflanzungserfolg hochrangiger Weibchen, vor allem der Königin, liegt um ein Vielfaches über dem von Weibchen am unteren Ende der Hackordnung. Dennoch lohnt es sich für sie, im Clan zu leben und das Beste daraus zu machen, denn Weibchen, die auf sich allein gestellt sind, ziehen gar keinen Nachwuchs groß.

Keine Regel ohne Ausnahme: ein König unter lauter Königinnen
Dass die Weibchen bei Tüpfelhyänen den Männchen den Rang ablaufen und diese sich in jeder Beziehung hinten anstellen müssen, ist längst zu einer Lehrbuchweisheit geworden. Aber in der Biologie gibt es kaum eine Regel ohne Ausnahme; das stellten 2021 wieder einmal Wildtierökologen im Ngorongorokrater in Tansania fest, die dort seit 20 Jahren Hyänenclans beobachten. So gelang es einem sozial gut vernetzten Männchen namens Majani, nach dem Tod der Königin, seiner Mutter, mithilfe seiner Schwester und einigen Nichten den Thron zu erobern. Denn nicht allein Größe, Kraft oder Aggressivität sind im Clan der Schlüssel zum Erfolg, sondern auch die Anzahl der Verbündeten, allen voran die Mutter, aber auch andere

weibliche Verwandte. Majani scheint über großes diplomatisches Geschick zu verfügen.

Wie Sie sehen, sind die Dinge oft komplexer als geahnt und damit auch viel spannender – Kooperation und Taktik können selbst bei schlechten Karten zum Sieg führen. Vielleicht sind »Könige« auf dem Hyänenthron gar nicht so selten, auch wenn ihre Herrschaft meistens nur kurz währt, denn sie verlassen ihren Clan in der Regel mit Eintritt der Geschlechtsreife und überlassen den Thron einer Schwester. Bleibt abzuwarten, wie lange Majanis Herrschaft dauert ...

Intelligente Teamworker

Übrigens sind Tüpfelhyänen außerordentlich gewitzt, wenn es um das gemeinsame Lösen von Problemen geht – da schalten sie sogar schneller als Schimpansen. Das bewies ein Paar, für das es darum ging, gleichzeitig an zwei Seilen zu ziehen, um eine Belohnung zu erhalten. Die beiden lernten dies rasch und zeigten dann auch unerfahrenen Clanmitgliedern, wie's funktioniert. Tüpfelhyänen sind offensichtlich immer für eine Überraschung gut!

Die nackte Königin: Tyrannei in Pink

Was das Leben im Matriarchat angeht, sind Nacktmulle noch einen Schritt weiter gegangen als Tüpfelhyänen. Diese Nager haben eine Lebensweise entwickelt, die stark an einem Insektenstaat erinnert. Geführt wird eine Nacktmullkolonie von einer höchst unduldsamen Königin, dem einzig sich fortpflanzenden Weibchen, und ein bis zwei Prinzgemahlen, die als Besamer dienen, aber ansonsten nichts zu sagen haben.

Es gibt einige Tiergruppen, die in hochorganisierten sozialen Verbänden aus mehreren Generationen zusammenleben, ihren Nachwuchs gemeinsam aufziehen und gemeinsam für die nötige Nahrung sorgen. Dabei pflanzen sich nur wenige Mitglieder des

Verbands fort, sodass der Großteil ohne eigene Nachkommen bleibt. Diese Form des Zusammenlebens bezeichnet man als Eusozialität; bekannte Beispiele sind die Völker der Honigbienen oder die Staaten der Termiten (siehe oben).

Während es unter Insekten und anderen wirbellosen Tieren noch weitere Beispiele gibt, ist Eusozialität unter Wirbeltieren die große Ausnahme. Bei Säugetieren gibt es eigentlich nur eine einzige wirklich eusoziale Art, den ostafrikanischen Nacktmull *(Heterocephalus glaber)*[55].

Die Heimat der Nacktmulle sind die trockenen und heißen Halbwüsten am Horn von Afrika (Äthiopien und Kenia). Dort legen sie mit ihren langen Nagezähnen zwei bis drei Meter unter der Oberfläche ein unterirdisches Tunnelsystem an, das bis zu drei Kilometer umfassen kann. Es erlaubt ihnen, tief liegende Wurzeln und Knollen zu ernten, ohne sich den Gefahren einer Nahrungssuche an der Oberfläche auszusetzen. Feinde haben sie dank ihrer unterirdischen Lebensweise kaum. Gelegentlich dringen Schlangen (zum Beispiel die Rötliche Schnabelnasen-Natter, *Rhamphiophis oxyrhynchus*) in frisch aufgeworfene »Vulkane« ein, wie die Tunnelöffnungen zur Oberfläche genannt werden. Gegen diese Eindringlinge verteidigen besonders große Nacktmulle (»Soldaten«) die Kolonie.

Nacktmulle sind koloniebildende Nagetiere, die in einem Matriarchat leben. Eine Kolonie umfasst in der Regel 70 bis 80 Individuen beiderlei Geschlechts (es können jedoch bis zu 300 sein). Normale Koloniemitglieder, also Arbeiterinnen und Arbeiter, sind etwas länger als ein Mittelfinger (acht bis zehn Zentimeter) und wiegen gut 30 Gramm; Königinnen werden deutlich größer und bringen es unter Umständen auf mehr als das doppelte Gewicht. Ihren umgangssprachlichen Namen verdanken die Tiere der Tatsache, dass sie – abgesehen von einigen Sinneshaaren – fast haarlos sind. Sie sehen aus, als steckten sie in einem viel zu großen faltigen rosafarbenen Pyjama, und mit ihren zurückgebildeten Augen und Ohrmuscheln sowie ihren prominenten Schneidezähnen können eigentlich nur Zoologen sie attraktiv finden. In der Presse werden sie manchmal auch abschätzig als »Säbelzahnwürstchen« bezeichnet.

Eine Matriarchin mit äußerst unangenehmen Umgangsformen

Nacktmullkolonien werden von einer Königin – in sehr seltenen Fällen sind es auch zwei – geführt, die ihre Herrschaft durch rüde Manieren aufrechterhält. Sie ist das einzig fortpflanzungsfähige Weibchen und sorgt mit einem bis zwei (in seltenen Fällen auch drei) »Paschas« alleine für den Nachwuchs der Kolonie. Eine Nacktmullkönigin verhält sich äußerst aggressiv gegenüber ihren Untertanen; sie hat denn auch den höchsten Testosteronspiegel in der Kolonie. Und ihre Wut trifft vor allem hochrangige Weibchen, die ihr die Herrschaft streitig machen könnten. Um zu verhindern, dass ihre mannbaren Schwestern und Töchter aufmucken, setzt sie brachial ihre Masse ein. Bei ihren täglichen Patrouillengängen durch die langen Tunnel schubst und stößt sie sämtliche Weibchen, die ihrem Anspruch auf das Fortpflanzungsmonopol gefährlich werden könnten, schiebt sich über sie und trampelt auf ihnen herum, bis sie schockstarr auf dem Tunnelboden verharren. Den Männchen, die unerlaubterweise Anzeichen für geschlechtliche Aktivitäten zeigen, ergeht es übrigens nicht besser. Damit das funktioniert, bedarf es des direkten sozialen Kontakts mit der Königin; Pheromone spielen dabei offenbar keine Rolle.

Dieser extreme Stress, unterstützt von Fauchen, Trampeln und im Extremfall auch Beißen, unterdrückt bei den übrigen Weibchen der Kolonie einen Eisprung (Ovulation), macht sie unfruchtbar und sichert so die Herrschaft der Königin. Dieses Auf-den-anderen-Herumtrampeln in den engen Gängen wird natürlich schwieriger, wenn die Königin trächtig ist und ihr Umfang deutlich zunimmt. Die Tragzeit beträgt rund 70 Tage, die Wurfgröße drei bis knapp 30 Junge.

Modell einer Nacktmullkolonie mit Königin und Jungen (unten), Arbeitern und Soldaten. (Foto: Chiswick Chap, Wikimedia Commons)

Der Trick, den die Evolution »erfunden« hat, um dieses Problem zu lösen, ist einfach genial: Man baue zusätzliche Bandscheibenmasse ein und verlängere so die Wirbelsäule. Das macht so schlank, dass die Königin ihre Art der sozialen Geburtenkontrolle per Stress bis kurz vor der Niederkunft durchführen kann. Nach der Geburt säugt die Königin ihre Jungen mehrere Wochen, dann übernehmen andere Koloniemitglieder Versorgung und Pflege des Nachwuchses.

Die Zeit vor der Niederkunft ist schwierig für die Kolonie, denn ohne die rigide, durch Stress aufgebaute Disziplin muckt das ein oder andere Weibchen oder Pärchen eventuell auf und macht sich davon. Dabei gehen die Tiere meist nachts – ihre empfindliche Haut verträgt keine Sonne – auf Wanderschaft, um ein eigenes unterirdisches Reich zu gründen und ihrem eigenen Nachwuchs auf dem Kopf herumzutrampeln.

Entfernt man die Königin im Labor aus der Kolonie, stirbt sie in freier Wildbahn eines natürlichen Todes oder wird sie von putschenden Rivalinnen im Rahmen einer »Palastrevolution« umgebracht, bricht Chaos im unterirdischen Reich aus. Es kommt zu heftigen Kämpfen unter den hochrangigen Weibchen und nicht selten sogar zu Todesfällen. Schließlich setzt sich ein Weibchen als neue Königin durch, legt ordentlich an Länge und Gewicht zu und wird in der Regel in kurzer Zeit trächtig. Dann kehrt wieder Ruhe in die Kolonie ein.

Wie ist es überhaupt zu dieser unter Säugern (fast) einzigartigen Sozialstruktur gekommen? Wurde diese Kooperation durch den harten Lebensraum mit seinen weit verstreuten Nahrungsreserven erzwungen? Oder waren es die lange Trag- und Stillzeit, ein evolutionsbiologisch sehr konservatives Merkmal, das eine derartige, an einen Insektenstaat erinnernde Weiberherrschaft hervorbrachte? Darüber sind sich die Gelehrten bislang nicht einig ...

Noch ein paar Fakten über Nacktmulle

Anders als die meisten Säuger sind Nacktmulle nicht eigenwarm (homoiotherm), sondern ihre Körpertemperatur richtet sich weitgehend nach der Umgebungstemperatur (poikilotherm) – in zwei Metern Tiefe meist gleichmäßige 30 °C. Wird es ihnen zu warm, ziehen sie sich einfach in tiefere Schichten zurück.

Die Haut von Nacktmullen ist schmerzunempfindlich gegenüber Säuren und Capsaicin (dem Alkaloid, das Chilis ihre höllische Schärfe verleiht).

Nacktmulle kommen mit sehr wenig Sauerstoff aus; sie können stundenlang in einer Atmosphäre mit nur fünf Prozent Sauerstoffgehalt überleben und tolerieren einen sehr hohen CO_2-Gehalt.

Nacktmulle sind für ihre Größe äußerst langlebig; sie können über 30 Jahre alt werden (zum Vergleich: Ratten bringen es gerade einmal auf zwei bis drei Jahre) und verfügen über einen höchst effizienten Mechanismus zur Genreparatur. Nacktmulle sind offenbar resistent gegen Krebs: Bei Wildtieren wurden noch nie Tumoren nachgewiesen. Sie sterben denn auch nicht etwa an Altersschwäche, sondern gewöhnlich an Verletzungen und nachfolgenden Entzündungen, die sie sich im Kampf zuziehen, oder durch Fressfeinde.

Zugegeben, Nacktmulle entsprechen in unseren Augen nicht unbedingt den Anforderungen an ein Kuscheltier, aber sie sind wirklich verflixt interessant.

Die (fast) Unzertrennlichen: Pärchenegel

Wenn es nach diesen promisken und polygamen Tiergruppen ein Beispiel für strikte Monogamie gibt, dann sind es Pärchenegel: Einmal in »seiner« Bauchfalte, ist für sie der Bund fürs Leben besiegelt. So dachte man jedenfalls lange. Aber in der Biologie gibt es so gut wie keine Regel ohne Ausnahme ...

Niemand, der sie hat, mag sie, obwohl sie doch ein Paradebeispiel für das christliche Eheversprechen »bis dass der Tod euch scheidet« sind. Pärchenegel (Gattung *Schistosoma*) gehören innerhalb der großen Gruppe der Plattwürmer zu den Saugwürmern. Wie alle Saugwürmer schmarotzen sie im Inneren ihrer Wirte (Endoparasitismus) und halten sich mit Saugnäpfen fest. Und wie alle Saugwürmer besitzen sie einen höchst komplexen Lebenszyklus mit einem oder mehreren Zwischenwirten, in denen sie sich ungeschlechtlich vermehren, sowie einem Endwirt (immer ein Wirbeltier), in dem eine geschlechtliche Vermehrung möglich ist. Nur dieses Stadium interessiert uns hier. Zudem sind die rund 20 Pärchenegelarten die einzigen Saugwürmer, die keine Zwitter sind. Und das macht das Geschlechtsleben dieser Egel so interessant.

Menschen und andere Säuger infizieren sich mit Pärchenegeln, wenn deren Larven (Zerkarien) ihren Schneckenzwischenwirt verlassen haben und durch die Haut in unser Blutgefäßsystem eindringen, um sich dort zu geschlechtsreifen Egeln zu entwickeln.

Je nach Art setzt sich das wie ein Kanu geformte, etwa zehn bis 15 Millimeter lange Männchen im Venensystem rund um die Harnblase *(Schistosoma haematobium)* oder den Darm *(S. japonicum, S. mansoni)* fest. Das längere, aber viel dünnere Weibchen schmiegt sich in seine Bauchfalte, um dort sein gesamtes Erwachsenenleben zu ver-

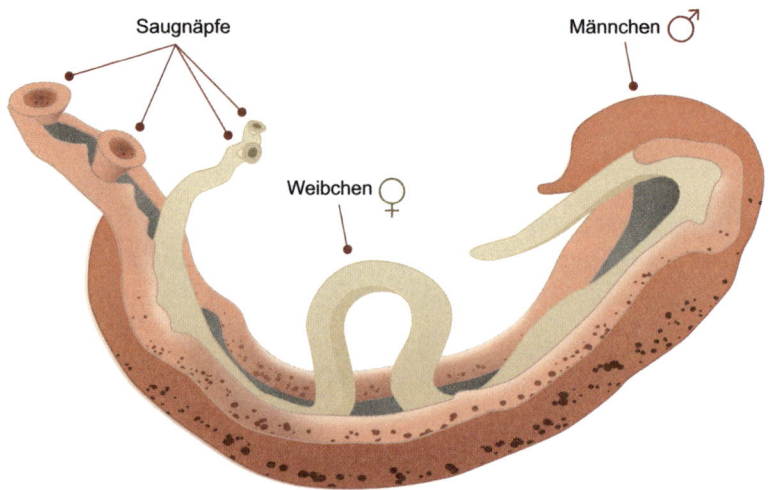

Pärchenegel: Das dünnere Weibchen liegt in der Bauchfalte des deutlich massigeren Männchens; bei beiden Tieren sind Mundöffnung und Saugnapf zum Festhalten im Blutstrom zu erkennen. Der Geschlechtsdimorphismus ist deutlich sichtbar. (Grafik: foxdesigner)

bringen. Da im Blut des Wirts stets ein Männchen-Überschuss herrscht, ist sichergestellt, dass jedes Weibchen einen Partner findet[56]. Gefüttert wird es vom Männchen, das sich seinerseits vom Blut des menschlichen Wirts ernährt und Stoffe abgibt, die das Weibchen voll ausreifen lassen. Dann kommt es zur Kopulation, und das Weibchen beginnt mit der Eiablage. Die mit einem Dorn versehenen Eier bohren sich in die Blase oder den Darm und werden mit dem Urin oder Kot des Wirts ausgeschieden. Wenn sie ins Süßwasser gelangen, suchen sich die schlüpfenden Larven eine Schnecke als Zwischenwirt, und das ganze Spiel beginnt von Neuem.

Unterdessen produziert das wirklich eng umschlungene Paar tagein, tagaus je nach Art mehrere Hundert bis tausend Eier, und zwar so lange, bis der Tod die beiden scheidet. Und das kann lange dauern – wie lange, wissen wir nicht einmal genau, aber unter den gleichwarmen Bedingungen im Bauch des Endwirts lässt es sich wie im Schlaraffenland leben; mehrere Jahrzehnte sind für eine solche Beziehung offensichtlich kein Problem. Das ist wirklich eine stabile Monogamie!

Wenn doch noch ein Besserer vorbeikommt ...
Scheidung auf Pärchenegel-Art
Was bringt diese seltsame Art von Getrenntgeschlechtlichkeit? Es wirkt ein wenig so, als habe die Evolution ein Zwittersystem, wie es bei all den anderen Saugwürmern die Regel ist, nur auseinandergenommen, um es dann sofort wieder zusammenzufügen: Pärchenegel erscheinen praktisch wie Hermaphroditen, auch wenn hier Ei- und Samenzellen von zwei Individuen zusammenkommen. Das erhöht die genetische Vielfalt (Diversität). Viel Auswahl scheint das Weibchen allerdings nicht zu haben. Einmal in der Bauchfalte, ist es für den Rest seines Lebens zur Treue verdammt. Denn sollte es »seinem« Männchen den Laufpass geben, verfiele es zurück in einem unreifen Zustand und würde in kurzer Zeit verhungern – so nahm man jedenfalls lange an.

Rund ein Prozent aller gegenwärtig lebenden Tierarten gilt als monogam. Allerdings gibt es unter Zoologen ein Sprichwort, wonach eine Art nur so lange monogam ist, bis jemand genauer hinschaut. Und das gilt offensichtlich auch für Pärchenegel. Zum einen hat sich kürzlich (2021) herausgestellt, dass unverpaarte Weibchen mindestens ein Jahr lang ohne Männchen im Blutstrom überleben können, ohne viel an Fortpflanzungspotenzial einzubüßen; zum anderen hat sich gezeigt, dass sie durchaus geneigt sind, den Partner zu wechseln, wenn ein starker Männerüberschuss besteht und sie auf einen »Neuen« treffen, der ihnen genetisch weniger ähnlich ist als ihr »Erster«. Je mehr Männchen zur Auswahl stehen, desto höher die »Scheidungsrate«.

Biologisch ist das durchaus sinnvoll, denn je unterschiedlicher die genetische Ausstattung der Eltern, desto variabler die Nachkommen und desto höher die Überlebenschancen der Brut. Damit zeigt sich auch, dass es für die Weibchen ein Evolutionsvorteil ist, unter bestimmten Umständen die Bauchfalte zu wechseln – bitter für die Männchen, die viel in »ihr« Weibchen investiert haben und deren Aussichten auf eine neue Partnerin eher düster sind, aber *c'est la vie!*

Geißel Schistosomiasis
Pärchenegel verursachen eine chronische Infektionskrankheit, die so genannte Schistosomiasis oder Bilharziose (nach dem deutschen Parasitologen Theodor Bilharz benannt), von der weltweit mehrere Hundert Millionen Menschen betroffen sind und die, was ihre sozialen und ökonomischen Kosten angeht, gleich hinter der Malaria rangiert. Die rund 0,1 Millimeter großen Eier der Saugwürmer, die aus den Venen in Harnblase oder Darm gelangen, lösen Entzündungen aus; andere werden mit dem Blutstrom in verschiedene Organe (unter anderem Niere, Leber, Gehirn) verschleppt, wo sie große Schäden anrichten können. Da Pärchenegel über eine hohe genetische Variabilität verfügen, haben sie bessere Chancen, die Abwehr des Immunsystems zu unterlaufen und Resistenzen gegen Wurmmedikamente (Anthelminthika) zu entwickeln als zwittrige Plattwürmer. Geschlechtertrennung und die Untreue, die sie ermöglicht, haben als flexible Evolutionsstrategie für monogame Egelweibchen insofern durchaus ihre Vorteile!

Pärchenegel und Weltpolitik
Zu den bekanntesten Schistosomen gehört der Japanische Pärchenegel (*Schistosoma japonicum*), und er hat 1949 Geschichte geschrieben, die bis heute nachwirkt. Damals hatte die kommunistische Führung unter Mao Zedong entschieden, die Insel Formosa (heute Taiwan) zu erobern, den letzten Rückzugsort der nationalchinesischen Armee unter Chiang Kai-shek. Dazu mussten Maos Truppen jedoch die Seestraße von Formosa überwinden – das letzte Stück schwimmend, da es keine geeigneten Fahrzeuge zur Anlandung gab. Das nötige Schwimmtraining erhielten die Soldaten auf dem Festland gleich gegenüber – wo es in den Kanälen der

Reisfelder von Japanischen Pärchenegeln nur so wimmelte. Bis zu 50 000 Soldaten infizierten sich, und die einsetzenden Symptome (heftiger Durchfall!) ließen sich auch mit Mao-Zitaten nicht erfolgreich bekämpfen. Die Eroberung der Insel verzögerte sich um mehrere Monate. Als 1950 der Koreakrieg ausbrach, bezog die Siebte US-Flotte in der Straße von Formosa Stellung – die Gelegenheit zur Invasion war für die Volksrepublik China vertan, und die Insel blieb bis heute unabhängig.

Sich selbst genug: Autogamie beim Fischbandwurm

Während Pärchenegel funktionelle Zwitter sind, auf zwei Geschlechter verteilt, ist der Fischbandwurm eindeutig ein echter anatomischer Zwitter. Er verfügt gleichzeitig über funktionierende Hoden, die Spermien produzieren, und funktionierende Eierstöcke, die Eizellen produzieren – und braucht im Gegensatz zum Pärchenegel gar keinen Partner zum Sex: keine Monogamie, sondern Autogamie ...

Der weltweit, aber vorwiegend in Europa heimische Breite Fischbandwurm *(Diphyllobothrium latum)* ist ein so genannter Echter Bandwurm. Er entwickelt sich über zwei Zwischenwirte, in denen er sich ungeschlechtlich vermehrt, und lebt als erwachsener zwittriger Wurm endoparasitisch vor allem im Darm des Haushunds, aber auch der Hauskatze und des Menschen. Die Infektion erfolgt über rohen oder ungenügend gegarten Süßwasserfisch (den Zwischenwirt)[57].

In seinem Endwirt verankert sich der Parasit mit Sauggruben am Kopf in der Dünndarmschleimhaut. Selbst besitzt er keinen Darm, sondern nimmt Nahrung über seine gesamte Körperoberfläche auf. Und da er bei heimeligen 36 °C praktisch in Nahrung schwimmt, wächst er unter optimalen Bedingungen so schnell, dass man ihm dabei fast zusehen kann: pro Stunde bis zu einen Zentimeter (normal sind ca. fünf Zentimeter am Tag). So kann er es in nicht allzu langer Zeit auf eine wirklich eindrucksvolle Größe bringen: Mit zehn bis 20 Metern Länge und zwei Zentimetern Breite ist der Fischbandwurm der größte Parasit des Menschen (in seiner Verwandtschaft wird er nur von seinem Vetter *Diplogonoporus balaenopterae* übertroffen, der den Darm von Walen parasitiert und es auf bis zu 27 Meter bringt). Auf diese Länge verteilen sich über 4000 Segmente, so genannte Proglottiden, mit den zwittrigen Geschlechtsorganen. Und da wegen der enormen Größe meist nur ein Fischbandwurm im Darm des Endwirts lebt, ist dieser Einsiedler auf Selbstbefruchtung angewiesen.

Selbstbefruchtung geschieht bei den meisten Echten Bandwürmern dadurch, dass sich der Wurm zu einer Schleife krümmt, damit die reifen Samenzellen aus den Hoden im vorderen Körperabschnitt die später reifenden Eier am »Schwanzende« befruchten können. Beim Fischbandwurm wäre dies aufgrund seiner Länge ein ziemlich schwieriger akrobatischer Akt; daher geht's bei ihm anders: In der letzten Proglottide gibt es gleichzeitig reife Spermien und Eizelle; die befruchteten Eier werden (gefolgt von der leeren Proglottide) in den Darm abgegeben, und zwar in großen Mengen. Ein einzelner Wurm kann es pro Tag auf bis zu eine Million Eier bringen – und er kann ein Alter von bis zu 20 Jahren erreichen. Gelangen diese Eier ins Süßwasser, reifen sie heran, die Larven schlüpfen ... *da capo*.

Der Breite Fischbandwurm ist ein gutes Beispiel für eine Strategie, den Nachteil der Selbstbefruchtung – geringe genetische Variabilität – durch die schiere Menge auszugleichen. Bei einer Million Eiern pro Tag über zehn bis 20 Jahre kommt man auf atemberaubende Summen: Ein einzelner Bandwurm kann potenziell mehrere Milliarden Nachkommen zeugen – und das scheint zu reichen, um erfolgreich im Spiel des Lebens zu bestehen. Nachkommen mit genetischen Defekten gehen unter, und nur die Fitten überleben.

Fische lieben's bunt

Optimierung des Fortpflanzungserfolgs durch Partnerwechsel, ob bei Schimpansen oder Pärchenegeln, erscheint recht simpel und intuitiv ein-

leuchtend. *Radikaler ist ein anderer Ansatz, nämlich den Fortpflanzungserfolg durch Wechsel des Geschlechts zu erhöhen. Erstaunlich viele marine Korallenfischarten sind Virtuosen auf dem Gebiet des Geschlechtswechsels; es herrscht ein buntes Treiben, Männchen wandeln sich in Weibchen um, Weibchen in Männchen – manche Arten können diesen Tausch nur einmal und in eine Richtung vollziehen, andere – je nach Bedarf – mehrfach hin und zurück.*

Wir Menschen sehen zwei lebenslang unveränderliche Geschlechter als den Normalfall an, und das hat seinen Grund. Rund 99 Prozent aller Wirbeltiere sind getrenntgeschlechtlich: reine Männchen, die zeitlebens Spermien produzieren, und reine Weibchen, die Eizellen erzeugen. Das übrige Prozent ist zwittrig, und fast all diese Zwitterarten sind Fische.

Fische bilden die größte Wirbeltiergruppe überhaupt, sie machen mit mehr als 35 000 bekannten Arten fast die Hälfte aller Wirbeltierspezies aus. Alle haben zwar eine ähnliche Körperform, die an ein Leben im Wasser angepasst ist, unterscheiden sich aber in vielen morphologischen und biochemischen Merkmalen. Sie bilden mehrere phylogenetische Entwicklungslinien, zum Beispiel Knorpel- und Knochenfische. Und vielen von ihnen fehlen Geschlechtschromosomen.

Die meisten Knochenfische sind getrenntgeschlechtlich: Sie schlüpfen als Männchen oder Weibchen und bleiben es ihr Leben lang. Zwitter machen weniger als zehn Prozent aus. Aber wenn es heißt, dass es auf sexuellem Gebiet im Tierreich nichts gibt, was es nicht gibt, so trifft das sicher für die Fortpflanzungssysteme von Fischen zu.

Seepferdchen gehören zu den Fischen und sind bekannt für ihren geschlechtlichen Rollentausch. Bei ihnen werden die Männchen schwanger, bleiben aber zweifellos Männchen – sie produzieren stets nur Spermien, keine Eizellen. Eine ganze Reihe von Fischarten, vor allem Knochenfische, geht da noch einen Schritt weiter: Sie können ihr Geschlecht vollständig wechseln. Manche Arten werden mit männlichen Geschlechtsanlagen geboren und produzieren zunächst Spermien, können aber im Lauf ihres Lebens weibliche Geschlechtsorgane entwickeln und Eizellen erzeugen. Dann spricht man von Protandrie, im umgekehrten Fall (erst Weibchen, dann Männchen) von Protogynie. Und wenn Sie von zoologischen Fachwörtern nicht genug bekommen können: Um diese Geschlechtswandler von so genannten Simultanzwittern (Hamletbarsche, siehe unten) zu unterscheiden, die ihr ganzes Leben lang gleichzeitig funktionsfähige männliche und weibliche Geschlechtsorgane haben, nennt man Arten, die in aufeinanderfolgenden Lebensphasen männlich oder weiblich sein können, auch Konsekutivzwitter (Anemonenfische, Lippfische, siehe unten).

Und dann gibt es noch die Tausendsassas, die ihr Geschlecht unabhängig von ihrem Geburtsgeschlecht in beide Richtungen ändern können (Blaustreifengrundeln, siehe unten), je nachdem, wie es den Fortpflanzungserfolg fördert. Erstaunlicherweise wurde für diese Variante noch kein Fachbegriff erfunden.

Um dieses heillose Durcheinander zu ordnen, muss man die Frage klären: Wann lohnt es sich, für mehr fitte Nachkommen das Geschlecht zu wechseln?

Anemonenfische: die Wahrheit über Nemos Vater

Clownfische werden auch Anemonenfische *(Amphiprion)* genannt, weil sie mit Seeanemonen in Symbiose leben: Im Gegensatz zu anderen Fischen werden sie von diesen Nesseltieren nicht attackiert, sondern finden zwischen ihren Tentakeln Schutz vor Raubfischen; im Gegenzug verteidigen sie »ihre« Anemone gegen Fressfeinde.

Bei Anemonenfischen ist das älteste und größte Individuum stets ein Weibchen, das einen Harem mit mehreren kleineren Männchen dominiert und sich ausschließlich mit dem größten Männchen in seiner Entourage paart; die übrigen rangniederen Männchen sind nicht fortpflanzungsfähig. Kommt das Weibchen zu Tode, so wandelt sich der »Ehemann« in ein Weibchen um (die Hoden werden ab-

und das Ovar aufgebaut) und übernimmt den Harem, während das rangnächste Männchen fortpflanzungsfähig wird und als Partner nachrückt. Diese Form des Geschlechtswechsels – erst Männchen, dann Weibchen – nennt man Protandrie; eine Rückentwicklung zum Männchen ist in diesem Fall nicht möglich.

Damit kommen wir zu »Finding Nemo«, dem so überaus erfolgreichen Animationsfilm aus dem Jahr 2003: Die Story beginnt damit, dass Vater und Mutter Clownfisch das gemeinsame Gelege pflegen und bewachen. Als Mutter und Eier von einem Raubfisch gefressen werden, kümmert sich der Vater um den einzigen Überlebenden, Nemo. So der Film. In der Realität schlüpfen alle Clownfische als undifferenzierte Zwitter, und der Vater wandelt sich nach dem Tod seiner Partnerin in ein Weibchen um. Da Nemo der einzig andere Clownfisch weit und breit ist, beginnt er sein Sex Life als Männchen und paart sich mit seinem Vater, der jetzt ein Weibchen ist. Sollte der Vater sterben, würde sich Nemo seinerseits in ein Weibchen umwandeln und sich mit einem anderen Männchen paaren. Das war den Produzenten von *Nemo* wohl doch zu divers, auch wenn's biologisch höchst spannend ist!

Spannend ist auch, dass der Geschlechtswechsel bei Clownfischen nicht etwa in den Gonaden, sondern im Gehirn beginnt, und zwar in dem Teil des Hypothalamus (Area praeoptica), dessen chemische Signale die Geschlechtsorgane kontrollieren. Dieser Bereich ist bei Weibchen doppelt so groß wie bei Männchen, und nach rund einem halben Jahr hat ein Fisch, der dabei ist, sich vom Männchen zum Weibchen zu wandeln, zwar schon ein typisch weibliches Gehirn, aber noch männliche Gonaden und Hormonspiegel. Erst anschließend (und das kann unter Umständen Jahre später sein!) wandeln sich seine Hoden in funktionierende Eierstöcke um – die Verweiblichung des Gehirns geht also der Verweiblichung des Geschlechts voraus. Anemonenfische müssen offenbar erst weiblich denken und sich weiblich verhalten (zum Beispiel aggressive Verteidigung des Geleges), bevor sie zu einem funktionsfähigen Weibchen werden und Eizellen produzieren können. »Faszinierend!«, würde Commander Spock da wohl sagen.

Lippfische: von Weibchen, die sich in Männchen verwandeln, und Männchen, die ihren Typ wechseln

Die Lippfische (Labridae) bilden eine der größten Familien korallenriffbewohnender Fische und zeichnen sich durch ihre Farbenpracht und Formenvielfalt aus. Fast alle Arten sind Geschlechtswandler. Als Jungfische unterscheiden sie sich in Körperform, Färbung und Musterung von den Alttieren. Bei Eintritt der Geschlechtsreife starten die allermeisten Lippfischarten ihr Liebesleben als Weibchen; unter Umständen können sie sich in Männchen umwandeln und so die Stelle des Revierverteidigers einnehmen. Diese Umwandlung (zuerst Weibchen, dann Männchen) nennt man Protogynie.

Bei einigen Lippfischarten, zum Beispiel dem Blaukopf-Junker *(Thalassoma bifasciatum)* findet sich eine trickreiche Variante des Fortpflanzungsgeschehens: Neben einem Großteil der Individuen, die als Weibchen geboren werden und sich zunächst als Weibchen fortpflanzen, bevor sie sich in so genannte Sekundärmännchen umwandeln, wird ein kleiner Teil des Nachwuchses mit funktionierenden männlichen Gonaden geboren. Diese so genannten Primärmännchen sehen jedoch aus wie Weibchen (und verhalten sich im Gegensatz zu den Sekundärmännchen auch nicht territorial). Die »Weibchen-Mimikry« schützt sie vor der Aggression des größeren und farbenprächtigeren Sekundärmännchens, das sein Revier aggressiv gegen andere Sekundärmännchen verteidigt, die unscheinbaren Primärmännchen aber einfach übersieht[58].

Dass dieser Trick etwas bringt, hat mit ihrer Art der Fortpflanzung zu tun, denn anders als Anemonenfische, die ihr Gelege bewachen, geben diese Lippfische ihre Eier und Spermien einfach ins Wasser ab (Freilaicher). Und da nutzen die Primärmännchen ihre Chance, mischen sich beim Ablaichen unter die Weibchen und versuchen einen Teil der Eier anstelle des Revierbesitzers zu besamen

Blaukopf-Junker werden gut zehn Zentimeter lang und ernähren sich von Zooplankton und kleinen Weich- und Krebstieren. (Foto: James St. John, Wikimedia Commons)

(Sneaker). Dabei stehen ihre Chancen gar nicht so schlecht, denn sie haben deutlich größere Hoden als die Sekundärmännchen (siehe Kapitel »Die Vaterschaft sichern«). Wenn der Revierbesitzer die Gruppe verlässt oder stirbt, wird er gewöhnlich vom ranghöchsten Weibchen oder Primärmännchen ersetzt, die sich beide zu territorialen Sekundärmännchen entwickeln können. Reichlich Stoff für eine Seifenoper ...

Grundeln: Sexuelle Plastizität ist Trumpf
Bei Lippfischen wie dem Blaukopf-Junker ist Geschlechtsumwandlung also ein Privileg der Weibchen: Sie können sich in Männchen verwandeln, Männchen aber nicht in Weibchen. Und auch die Weibchen können ihr Geschlecht nur ein einziges Mal wechseln. Einige Fischgruppen mögen sich nicht derart festlegen, sondern wechseln ihr Geschlecht nach Bedarf. Das gilt zum Beispiel für die Blaustreifengrundel *(Lythrypnus dalli)* und die nah verwandte Art *Lythrypnus pulchellus*.

Interessanterweise wird der Geschlechtswechsel bei diesen Grundeln sozial kontrolliert. Entfernt man bei einer Haremsgruppe, die aus einem großen Männchen und drei kleineren, unterschiedlich großen Weibchen besteht, das Männchen, wandelt sich das größte Weibchen innerhalb von ca. zwei Wochen in ein Männchen um und besamt die Eier seiner Partnerinnen. Setzt man zwei unterschiedlich große Männchen zusammen, wandelt sich das kleinere in ein Weibchen um; bei unterschiedlich großen Weibchen wird das größere zu einem Männchen. Bei zwei gleich großen Individuen entscheidet das Verhalten: Bei zwei Männchen bleibt das dominante Tier weiterhin männlich, das untergeordnete wird weiblich. Und das Spiegelbild zeigt sich bei gleich großen Weibchen: Das dominante Tier wird männlich, das weniger dominante bleibt weiblich. Mehr sexuelle Plastizität geht wohl kaum! Das Geschlecht wird bei diesen Grundeln also nicht allein von der Körpergröße, sondern auch vom sozialen Status, letztlich vom »Charakter«, festgelegt[59].

Hamletbarsche: fairer Handel und Spieltheorie

Neben diesen Konsekutivzwittern gibt es unter Fischen auch echte Simultanzwitter, zum Beispiel in der Gruppe der Hamletbarsche *(Hypoplectrus)*; sie gehören zu den Sägezahnbarschen und sind Korallenriffbewohner. Diese Zwitter übernehmen bei der Paarung mit demselben Partner abwechselnd die Rolle des Weibchens und des Männchens, liefern also einmal energetisch kostspielige Eizellen, das andere Mal billige Spermien – ein fairer Handel, wenn beide Partner treu sind, wie es unter Hamletbarschen die Regel ist. Manchmal findet jedoch an verschiedenen Tagen ein Partnertausch statt – eine Art serielle Monogamie, wie sie ja auch bei *Homo sapiens* nicht unbekannt ist. Bei anderen Sägebarscharten kommt es gelegentlich zu Betrügereien – der Fisch, der bei der Paarung das Männchen gespielt hat, macht sich davon, statt nun seinerseits die weniger beliebte Weibchenrolle zu übernehmen (siehe »Penisfechten«).

Unter welchen Bedingungen ein solcher Betrug funktioniert und evolutionär sinnvoll ist, zeigen Modelle aus der Spieltheorie.

Bei Simultanzwittern ist Selbstbefruchtung häufig, doch in der Regel suchen sich zwittrige Individuen einen Partner, was eine Inzucht-Depression (siehe Glossar) verhindert. Eine Ausnahme macht der Mangroven-Killifisch *(Kryptolebias marmoratus)*, ein etwa fingerlanger eierlegender Zahnkarpfen, der an der Ostküste Amerikas lebt. Diese Killifische sind die einzig bekannte Wirbeltierart, die sich »gewohnheitsgemäß« durch innere Selbstbefruchtung fortpflanzt, denn ihre Zwitterdrüse produziert gleichzeitig Eizellen und Spermien, die im eigenen Körper zusammenkommen – die Populationen sind sich dementsprechend fast so ähnlich wie Klone. Neben Zwittern kommen in manchen Populationen aber auch Männchen vor – eine sehr seltene Kombination. Zwittrige Mangroven-Killifische paaren sich niemals mit ihresgleichen, aber gelegentlich mit diesen Männchen, was für einen gewissen Genaustausch sorgt. Man vermutet, dass Selbstbefruchtung bei Zwittern eine Art Notlösung und Anpassung an eine geringe Populationsdichte ist (siehe Fischbandwurm): Wenn niemand anders da ist, dann ist geklonter Nachwuchs besser als gar keiner – aber wenn sich die Gelegenheit ergibt, ist eine »Blutauffrischung« willkommen!

Wann es sich lohnt, das Geschlecht zu wechseln

Warum veranstalten Fische diesen ganzen Zirkus?, könnte man sich angesichts dieser Vielfalt von Fortpflanzungsformen fragen. Wie Vögel und Säuger zeigen, kommt man als Wirbeltier doch ganz gut mit zwei getrennten Geschlechtern zurecht. Nun, »nichts in der Biologie ergibt Sinn außer im Lichte der Evolution«, wie eingangs zitiert, und bei all diesen verschiedenen Fortpflanzungssystemen geht es nur um eines, die Währung der Evolution: fitten Nachwuchs. Es geht um die Optimierung des Fortpflanzungserfolgs.

Wann lohnt es sich für ein Individuum, das Geschlecht zu wechseln? Immer dann, wenn seine Fortpflanzungschancen im anderen

Geschlecht größer sind als im gegenwärtigen Geschlecht. Wenn man über die nötige genetische Flexibilität verfügt, kann es durchaus von Vorteil für die individuelle sexuelle Fitness sein, in verschiedenen Lebensphasen das Geschlecht zu wechseln und sich als Weibchen oder Männchen fortzupflanzen.

Als Faustregel bei Fischen gilt: Jedes Weibchen, ganz gleich, wie klein, kommt zur Fortpflanzung, aber keineswegs jedes Männchen, da spielt in der Regel die Größe eine wichtige Rolle. Auf dieser Erkenntnis basiert das Größenvorteilsmodell: Es sagt für Konsekutivzwitter voraus, dass Auftreten und Richtung des Geschlechtswechsels vom Paarungssystem bestimmt werden, denn beim Männchen hängt die Beziehung zwischen Fortpflanzungserfolg und Körpergröße entscheidend vom Paarungssystem ab. Der Fortpflanzungserfolg von Weibchen nimmt hingegen unabhängig vom Paarungssystem mit steigender Größe zu, denn ein großes Weibchen kann ein größeres Gelege produzieren.

Protogynie (Weibchen → Männchen) wird von der natürlichen Selektion dann gefördert, wenn der Fortpflanzungserfolg von Männchen mit zunehmendem Alter oder Größe schneller steigt als derjenige von Weibchen. Das ist zum Beispiel bei territorialen Arten mit Haremssystemen der Fall, bei denen der Revierbesitzer die Eier zahlreicher Weibchen besamt (Blaukopf-Junker, siehe oben). Die protandrischen (Männchen → Weibchen) Anemonenfische sind hingegen monogam; wenige Spermien genügen zur Besamung des Laichs, und größere Männchen haben keinen besonderen Vorteil.

Wie stark sich die Lebensumstände auf Paarungssystem und Sexualverhalten auswirken können, zeigt der Dreibinden-Preußenfisch *(Dascyllus aruanus)*. Dieser Riffbarsch lebt normalerweise in Haremsgesellschaften und verhält sich protogyn, ganz wie das Größenvorteilsmodell vorhersagt. Zu einem umgekehrten Geschlechtswechsel kann es kommen, wenn die Populationsdichte an isolierten Korallenvorkommen sehr gering und das Risiko der Partnersuche groß ist: Wenn dann zwei verwitwete Männchen aufeinandertreffen, wandelt sich ein Partner zum Weibchen um, und das Paar lebt nolens volens monogam zusammen.

Fazit: Man kann Getrenntgeschlechtlichkeit und simultanes Zwittertum als zwei Eckpunkte eines höchst abwechslungsreichen Fortpflanzungsspektrums ansehen. Denn neben Fischpopulationen, die nur aus getrenntgeschlechtlichen Individuen bestehen, und solchen, die nur aus konsekutiven Zwittern bestehen, findet man auch gemischte Paarungssysteme: Populationen aus Weibchen und Zwittern oder aus Zwittern und Männchen, wie bei den Mangroven-Killifischen (siehe oben) – alles Varianten für einen maximalen Fortpflanzungserfolg unter den gegebenen Lebensbedingungen.

Flexibilität ist Trumpf: Paarbindung bei Vögeln

Anders als manche Fische können Vögel ihr Geschlecht nicht wechseln, sind aber äußerst einfallsreich, wenn es darum geht, ihr Paarungssystem nach Umweltgegebenheiten und -gelegenheiten auszurichten. So findet man bei ihnen alle Formen der Paarbindung von der Einehe bis zur Kommune, und sogar Männerbünde kommen vor.

Treue ist relativ: Trauerschnäpper und Seggenrohrsänger
Der Trauerschnäpper *(Ficedula hypoleuca)* ist ein kleiner Singvogel, der in lockeren Kolonien brütet. Die Männchen kommen als Erste aus dem Winterquartier in Afrika zurück und erobern ein Revier mit einer Nisthöhle. Dort singen sie intensiv und locken potenzielle Brutpartnerinnen an. Wenn einem Weibchen der Brutplatz und das zugehörige Männchen gefallen, wird schnell ein Paar gebildet. Es wird ausgiebig kopuliert, und das Weibchen legt Eier. Danach ist die empfängliche Phase des so genannten Primärweibchens beendet, und es interessiert sich nicht mehr für Sex.

An sich gelten Trauerschnäpper ja als monogam, doch fitte Männchen gehen gern weiter auf Brautschau und suchen oft in einiger Entfernung vom Primärweibchen einen neuen Brutplatz, um dort mit einem Sekundärweibchen ein zweites Liebesnest zu bauen. Wenn die Jungvögel schlüpfen, fängt der Stress an, denn das Männchen muss nicht nur die erste, sondern auch die zweite Brut mit Nahrung versorgen. Ist das Nahrungsangebot hoch, so kann dies leidlich gelingen, und der Bigamist produziert in einer Saison durchschnittlich rund acht Küken, ein treuer Ehemann kommt hingegen nur auf 5,5 Kinder.

Für die Weibchen sieht die Bilanz nicht so gut aus, denn die Brutfürsorge des Männchens verteilt sich auf zwei Partnerinnen, wobei die Erstfrau im Schnitt auf 4,6, die Zweitfrau hingegen auf nur 3,4 Jungvögel kommt; offenbar wird ihre Brut von dem Männchen schlechter versorgt. In Jahren mit geringerem Nahrungsangebot kann diese männliche Strategie allerdings nach hinten losgehen und der Bruterfolg der Bigamisten unter dem von treuen Männchen liegen. Weibchen fahren mit treuen Männchen auf jeden Fall am besten – sind aber selbst keineswegs immer treu.

Wir (MW und sein Team) haben eine größere Trauerschnäpperpopulation in Sibirien über Jahre hinweg untersucht. Wie unsere DNA-Analysen zeigten, zog rund ein Fünftel aller Väter »Kuckuckskinder« auf, das heißt, rund ein Fünftel aller Mütter ging fremd – und zwar meist mit einem benachbarten Männchen (»the boy from next door«). »Kuckucksväter« sind dabei vor allem die einjährigen, unerfahrenen Männchen, die nicht genügend aufpassen oder schon eine Zweitfrau suchen. Offenbar sind die Weibchen einem Seitensprung dann nicht abgeneigt und zahlen's ihnen mit gleicher Münze heim.

Noch weniger von strikter Einehe als der Trauerschnäpper hält der Seggenrohrsänger *(Acrocephalus paludicola)*, die seltenste Rohrsängerart in Europa, die in Seggensümpfen Osteuropas brütet. Bei dieser promisken Art sind Seitensprünge an der Tagesordnung, wie wir durch umfangreiche DNA-Fingerprint-Analysen herausfanden. Einige Alphamännchen besuchen täglich mehrere Weibchen und paaren sich mit ihnen. Sie haben keine festen Reviere, sondern wandern in der Population umher und locken über ihre Gesänge die Weibchen an. Während die Kopulation bei den meisten Vogelarten eine Sekundensache ist, können Seggenrohrsänger bis 30 Minuten lang kopulieren – damit halten sie den Weltrekord in der Vogelwelt. Die lange Kopulationsdauer ermöglicht ihnen, Sperma ihres Vorgängers aus dem Geschlechtstrakt des Weibchens zu entfernen, um ihre Chancen auf Vaterschaft zu erhöhen (siehe Seite 108).

Für eine Seggenrohrsängerbrut ist es nicht ungewöhnlich, dass bis zu fünf verschiedene Väter daran beteiligt sind, doch nur wenige Männchen helfen bei der Aufzucht der Jungvögel. Diese »Vielvaterschaft« gilt allerdings nicht für alle Bruten, denn in rund einem Fünftel der von uns untersuchten Bruten gab es nur einen einzigen genetischen Vater. Wir konnten zeigen, dass ein relativ kleiner Teil der Männchen (18 Prozent) einen Großteil des Nachwuchses (40 Prozent) zeugte. Diese Männchen hatten weniger Blutparasiten und mehr Fett als die weniger produktiven Männchen – sie waren offenbar besonders fit.

Seggenrohrsänger sind in einem Lebensraum zu Hause, in dem es Nahrung in Hülle und Fülle gibt. Daher schaffen es die Weibchen auch als Alleinerziehende, ausreichend Insekten für den Nachwuchs zu erbeuten, sodass viele Väter sich zur Erhöhung ihres Fortpflanzungserfolgs ein »Lotterleben« leisten können. Paarungsverhalten im Tierreich ist eben auch eine Sache des Nahrungsangebots.

Was darf's denn sein? Paarungssysteme bei Heckenbraunellen
Vielmännerei, Einehe, Vielweiberei oder Promiskuität – bei der Heckenbraunelle *(Prunella modularis)* findet man das ganze Spektrum von Kooperation und Konflikt zwischen den beziehungsweise innerhalb der Geschlechter. Und je nach Paarungssystem entscheidet sich, welches Geschlecht einen höheren Fortpflanzungserfolg hat und welches draufzahlt. Ähnlich bunt geht es beim australischen Prachtstaffelschwanz *(Malurus cyaneus)* zu, der wie die Heckenbraunelle zur Modellart für Paarungssysteme wurde. Einst lobte der vik-

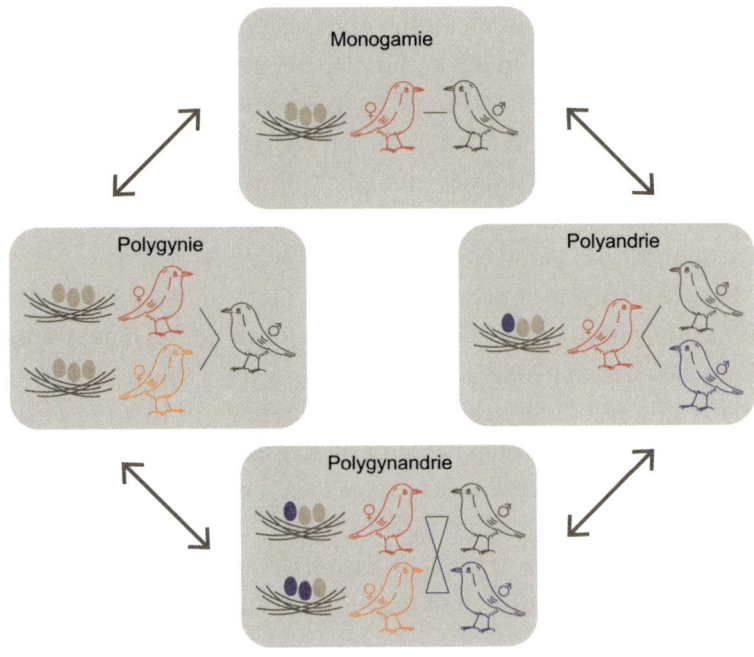

Paarungssysteme der Heckenbraunelle: Einehe (oben), Vielweiberei (Trio aus einem Männchen und zwei Weibchen), Vielmännerei (Trio aus einem Weibchen und einem dominanten Alphamännchen sowie einem untergeordneten Betamännchen), Promiskuität (Polygynandrie; Quartett aus zwei Männchen und zwei Weibchen). Die Farbe der Eier zeigt an, welches Männchen der Vater ist. All diese Paarungssysteme können in ein und derselben Population und in der gleichen Brutsaison auftreten. (Grafik: foxdesigner)

torianische Vogelkundler und Geistliche Frederick Morris die Heckenbraunelle als ein Musterbeispiel ehelicher Tugend. Er hätte kaum ein schlechteres Beispiel wählen können ...

Heckenbraunellen sind recht unscheinbare, spatzengroße heimische Singvögel mit braunem Gefieder, die sich von Insekten und Samen ernähren. Beide Geschlechter besetzen Reviere, aus denen die Weibchen andere Weibchen, die Männchen andere Männchen vertreiben, wobei die Reviere der Männchen meist größer sind als die der Weibchen.

Während die meisten Singvögel sozial monogam sind – also in Einehe mit gelegentlichen Seitensprüngen leben –, gehören Heckenbraunellen zu den wenigen Vogelarten, bei denen sich die Weibchen in der Regel mit mehreren Männchen paaren (polyandrisches Paarungssystem): Freiland- und DNA-Fingerprinting-Untersuchungen haben nämlich ergeben, dass die Jungen, die aus den Eiern eines Geleges schlüpfen, oft mehr als nur einen Vater haben.

Vielmännerei ist die häufigste Paarungsform bei Heckenbraunellen (mehr als 50 Prozent), dicht gefolgt von sozialer Monogamie. Polygynie und Promiskuität landen weit abgeschlagen auf den hinteren Plätzen. Offenbar suchen die Heckenbraunellenweibchen aktiv nach Kopulationen außerhalb der sozialen Paarbeziehung (so genannte *extra-pair copulations*; EPC). Diese flexiblen Paarungssysteme führen unter den Männchen zu einer heftigen Spermienkonkurrenz (siehe unten) und zu einem auffälligen Verhalten: Vor der Paarung pickt das Männchen mit seinem Schnabel an die Kloake des Weibchens, das daraufhin das Sperma seines letzten Kopulationspartners ausstößt (»Kloakenpicken«). Kopulationen sind bei Heckenbraunellen übrigens eine Sache von Sekundenbruchteilen, sodass ein Männchen mehrere Dutzend Male am Tag kopulieren kann.

Im Interesse des Männchens liegt es, ein – oder besser noch mehrere – Weibchen zu monopolisieren, doch Revierbesitzern gelingt es oft nicht, auch nur *eine* Partnerin zu bewachen und andere Männchen zu vertreiben, um Seitensprünge zu verhindern (soziale Monogamie).

Für die Weibchen lohnt sich das Zusammenleben mit einem zweiten Männchen (Polyandrie), denn das trägt nicht nur zur Inzuchtvermeidung bei, sondern dann kümmern sich neben der Mutter zwei Väter um die gemeinsame Brut. Für den weiblichen Fortpflanzungserfolg ist Vielmännerei gegenüber einer Einehe klar von Vorteil; es schlüpfen mehr Junge als in monogamen Beziehungen.

Männchen haben in monogamen wie in polyandrischen Beziehungen etwa den gleichen Fortpflanzungserfolg (bei der Vielmännerei müssen Alphamännchen die Vaterschaft zwar mit einem Betamännchen – das aber seltener zum Zuge kommt – teilen, verlieren aber nicht so viel Fitness durch weibliche Seitensprünge). Den größten Fortpflanzungserfolg hat ein Männchen jedoch bei Vielweiberei: Es hat die alleinige Vaterschaft für die Nachkommen mehrerer Weibchen, die sich seine Mithilfe bei der Jungenaufzucht teilen müssen und daher klar im Nachteil gegenüber monogamen oder gar polyandrischen Systemen sind.

Welches System bei der Heckenbraunelle zum Zuge kommt, hängt neben dem Zahlenverhältnis von Männchen und Weibchen und der Populationsdichte weitgehend von der Nahrungsverteilung ab. Gibt es Nahrung im Überfluss, brauchen die Weibchen nur kleine Reviere, die vom Männchen leichter zu kontrollieren und zu verteidigen sind – das ermöglicht Polygynie (man muss sich mehrere Frauen eben leisten können). Bei geringeren Ressourcen sind die Reviere der Weibchen größer, was Monogamie oder, wenn sich das Weibchen durchsetzen kann, Polyandrie begünstigt, denn zwei fütternde Männchen ermöglichen eine erfolgreichere Aufzucht der Brut. Zur Promiskuität kommt es, wenn zwei Männchen nötig sind, um gemeinsam ein Revier mit mehreren Weibchen zu verteidigen. Das Paarungssystem ist also wie so häufig vor allem eine Frage des Fressens und nicht der Moral[60].

Langlebigkeit fördert dauerhaftere Partnerschaften
Einehe mit Seitensprüngen ist vor allem bei den oben genannten kurzlebigen Singvögeln die Regel, die vielleicht nur einmal im Leben erfolgreich brüten und deren Sterblichkeit (Mortalität) relativ hoch ist. Sie müssen alles auf eine Karte setzen, denn die Chance, dass ein Paar sich im nächsten Jahr noch einmal zur Brut treffen kann, ist gering.

Anders ist die Situation bei langlebigen Vogelarten, die in der Regel keine Singvögel sind. Bei erfolgreichem Brüten bleiben Paare meist lebenslang zusammen, und Kuckuckskinder sind selten. Das gilt selbst für Koloniebrüter, die theoretisch leichter fremdgehen können als einzelgängerische Vogelarten. Bei kolonielebenden Eleonorenfalken und Gelbschnabelsturmtauchern sind solche Fremdvaterschaften höchst selten, wie wir (MW und sein Team) durch eigene Untersuchungen nachweisen konnten. Wenn die Partnerschaft aber nicht klappt oder der Bruterfolg ausbleibt, dann trennen sich auch solch langlebige Vögel und suchen sich für die nächste Brutsaison einen neuen Partner.

»Komm in meine Laube, Liebste«:
Männerbünde bei Laubenvögeln

Bei vielen Singvogelarten strunzen die Männchen in der Paarungszeit mit einem leuchtend bunten Brutkleid, doch Laubenvögel, obwohl ebenfalls Singvögel, sind eher schlicht gefärbt. Der australische Fleckenlaubenvogel *(Ptilonorhynchus maculata/Chlamydera maculata)* macht da keine Ausnahme. Beide Geschlechter sind etwa gleich groß und unterscheiden sich äußerlich kaum; das Männchen kann die Damenwelt also nicht durch ein prachtvolles Federkleid beeindrucken. Es setzt stattdessen ganz auf seinen Geschmack bei der Gestaltung des Liebesnests, in dem die Paarung stattfindet – denn es herrscht Damenwahl.

Also gibt er sich große Mühe beim Bau und der Ausschmückung seiner Laube. Je hübscher sie kunstvoll mit Knochen, Schneckenhäusern, Steinen und menschlichen Artefakten – auch ein Glasauge soll sich darunter befunden haben – geschmückt ist, desto besser kommt sie nicht nur bei der Damenwelt an. Solche Lauben erregen auch den Neid von Rivalen, die besonders schöne Stücke zu stehlen und die Laube zu zerstören versuchen. Da ist es gut, wenn man als Revier- und Laubenbesitzer auf ein weiteres Männchen zählen kann, das dabei hilft, die dekorierte Laube gegen rivalisierende Männchen zu verteidigen.

Die Vorteile für den Revierbesitzer (Alphamännchen), der einem untergeordneten Betamännchen – teilweise über mehrere Brutzeiten hinweg – Unterschlupf in seiner Laube gewährt, liegen also auf der Hand: Seine Laube ist besser vor den Attacken missgünstiger Rivalen geschützt. Und da zwei Balztänzer in der Arena (Arenabalz) mehr Weibchen anlocken als einer, kommt das allein paarungsberechtigte Alphamännchen öfter zum Zuge und kann so dank des willigen Helfers seinen Fortpflanzungserfolg erhöhen.

Aber was hat das Betamännchen, das ja offenbar bei den Damen nicht zum Zuge kommt, von einem solchen »Männerbündnis«? Das scheint »wider die Natur« zu sein, denn es widerspricht dem starken Selektionsdruck, der die Konkurrenz von Männchen um Geschlechtspartnerinnen fördert. Daher nahm man an, das Betamännchen profitiere indirekt: Es lerne vom Laubenbesitzer, wie man erfolgreich um die Gunst der Weibchen buhlt, und könne eventuell nach dem Tod des Revierbesitzers dessen Revier übernehmen – also eine Investition in die Zukunft.

Inzwischen haben neuere Beobachtungen jedoch gezeigt, dass das rangniedere Männchen durchaus auch direkt profitiert und es in der Laube des Revierbesitzers zu heimlichen Paarungen zwischen Weibchen und dem Betamännchen kommt. Möglicherweise sind diese *sneaky copulations* häufiger als früher vermutet und stellen eine alternative Fortpflanzungsstrategie für arme Schlucker ohne eigenes Revier dar. Das erinnert ein wenig an die Taktik der Primärmännchen bei Blaukopf-Junkern, die ebenfalls »unter dem Radar« des Revierbesitzers schwimmen und so heimlich zur Fortpflanzung kommen.

Was die Weibchen angeht, so ist die Laube wirklich nur ein Liebesnest; zur Eiablage bauen sie mehrere Meter über dem Boden ein gesondertes Nest, und die Balztänzer beteiligen sich weder an der

Der Laubenbesitzer mit seiner Laube im Hintergrund. Die so genannten Laubenalleen aus Zweigen und Gräsern können bis zu zwei Meter lang sein.
(Grafik: Daniel Giraud Elliot, 1835–1915)

Brut noch an der Aufzucht des Nachwuchses. Schließlich will so eine Laube immer weiter verschönert und ausgebaut werden …

Ist Liebe eine Illusion? Eine Bühne für die Brautwerbung
Der Graulaubenvogel *(Chlamydera nuchalis)*, ein naher Verwandter des Fleckenlaubenvogels, der ebenfalls komplexe Alleelauben baut, geht beim Schmücken seiner Laube noch einen Schritt weiter: Er setzt optische Illusionen zur Brautwerbung ein. Mit der Platzierung von Kieseln, Muscheln und Schneckenhäusern unterschiedlicher Größe – kleinere Objekte direkt im Eingangsbereich, größere weiter entfernt – schafft der balzende Laubenbesitzer aus der Sicht des zuschauenden Weibchens eine Theaterbühne mit »erzwungener Perspektive«, die ihn größer erscheinen lässt. Und diese Anordnung ist keineswegs zufällig. Wird sie verändert, ordnet der Laubenbesitzer alles rasch so um, dass die ursprüngliche Perspektive wiederherge-

stellt wird. Denn je perfekter die optische Täuschung, desto größer ist offenbar der Fortpflanzungserfolg.

Laubenvögel gelten als sehr intelligent – beurteilen die Weibchen die intellektuellen Fähigkeiten des zukünftigen Vaters ihrer Brut vielleicht nach dessen geometrischem Verständnis? Oder ahnen die Männchen vielleicht, dass Liebe tatsächlich eine Illusion ist? Wir wissen es nicht, aber wenn es so wäre, dann wären diese Laubenvögel neben uns Menschen die einzige Spezies, die eine Bühne für optische Illusionen schafft, um andere damit zu beeindrucken.

Die Vaterschaft sichern:
Spermienkonkurrenz

Ganz gleich, wie erfolgreich ein Männchen bei Balz und Begattung ist, entscheidend ist, was »hinten rauskommt«, um ein geflügeltes Wort unseres Altkanzlers Helmut Kohl zu gebrauchen – will heißen, wessen Spermien letztlich die Eizelle befruchten und damit die eigenen Gene weiterverbreiten. Die Tatsache, dass Spermien miteinander um die Befruchtung konkurrieren, hat quer durchs ganze Tierreich zu äußerst einfallsreichen Vorrichtungen wie auch zu ebenso seltsamen wie brutal anmutenden Verhaltensweisen geführt.

Woran erkennt ein Männchen ein empfängnisbereites Weibchen?

Um seine Spermien bestmöglich einzusetzen, muss ein Männchen erkennen, wann ein arteigenes Weibchen empfängnisbereit ist. Diese Periode, in der eine erfolgreiche Befruchtung stattfinden kann, ist zeitlich begrenzt.

Säuger folgen vor allem ihrer Nase, Vögel Augen und Gehör

Eine ganze Reihe von Säugerarten (Igel, Füchse, Wildschweine) ist nachtaktiv, und die Weibchen signalisieren den Männchen ihre Paarungs- und Empfängnisbereitschaft (Östrus oder Brunst) daher vor allem durch Geruchssignale (olfaktorisch). Tagaktive Arten setzen bei der sexuellen Kommunikation neben olfaktorischen Signalen auch stark auf optische Reize, aber vor allen zeigen »sie« ihre Paarungsstimmung durch ihr Verhalten an. Das gilt nicht zuletzt für Primatenweibchen.

So schwillt bei Pavianweibchen im Östrus die Haut rund um die Vulva an und färbt sich leuchtend rot, ein Signal, das auch aus der Ferne gut erkennbar ist[61]. Zudem strömen diese Weibchen einen höchst verlockenden Duft aus. Paarungsbereite Männchen erkennen und verstehen diese arttypischen Signale in der Regel sofort, doch sollte ein Pavianmännchen begriffsstutzig bleiben, präsentiert das Weibchen ihm sein geschwollenes Hinterteil. Dieses Signal tut seine Wirkung: Paarungswillige Pavianweibchen kopulieren bis zu 100 Mal am Tag.

Vögel sind ganz überwiegend Augentiere, doch spielt auch das Gehör eine große Rolle: Vogelweibchen lassen sich nicht nur durch das Brutkleid eines Männchens, sondern auch durch seinen Gesang bezirzen. Sie selbst zeigen ihre Paarungsbereitschaft während der kritischen Phase nicht durch Farb- oder Geruchssignale, sondern durch auffälliges Verhalten: Sie plustern sich auf und nehmen eine auffordernde Körperstellung ein oder betteln wie ein Jungvogel, sobald ein Männchen balzt oder singt. Die Männchen verstehen diese Signale nur allzu gut und folgen der Aufforderung bereitwillig. Meist erfolgt die Kopulation wenige Tage vor der Eiablage[62]. Viele Männchen kopulieren während der fruchtbaren Tage vielfach mit ihrem Weibchen. Dies erhöht sicherlich die Partnerbindung, dient aber wohl auch dazu, mögliches Sperma zu verdrängen, das aus einem Seitensprung des Weibchens stammt; in diesem Fall wird durch das häufige Kopulieren das Sperma des Vorgängers weggespült[63]. Denn nicht nur die Männchen sind promisk, sondern auch die Weibchen vieler Arten sind einem Seitensprung nicht abgeneigt, wenn sie sich dadurch »gute Gene« für ihre Nachkommen sichern können.

Anders als bei Säugetieren, bei denen nur ein einziges Spermium in die Eizelle eindringt und sie befruchtet, zeigen Vögel Polyspermie: Zunächst dringen viele Spermien in die Eizelle ein, doch sie wird letztlich nur durch ein einziges Spermium befruchtet; die anderen Spermien werden als Helfer benötigt.

Nach der Befruchtung wandert die befruchtete Eizelle weiter den Eileiter hinunter. Dort erfolgt die eigentliche Eibildung, das heißt, es werden Dotter und Eiweiß erzeugt und schließlich die Eischale ausgebildet.

Um Seitensprünge der Partnerin möglichst auszuschließen und sich die Vaterschaft zu sichern, paaren sich viele Vogelmännchen nicht nur häufig mit ihrer Partnerin, sondern lassen sie in der kritischen Phase von wenigen Tagen zwischen Begattung und Eiablage nicht aus den Augen. Die kritische Phase endet 24 Stunden vor der Ablage des letzten Eies. Dieses Bewachen der Partnerin wird als »Mate Guarding« bezeichnet. Ist die kurze fruchtbare Periode vorüber, lässt die Aufmerksamkeit des Männchens deutlich nach.

Erzwungene Treue

Ein besonders rigides System des Mate Guarding findet man bei einigen afrikanischen Hornvögeln, die in großen Baumhöhlen nisten. Nach der Paarung schlüpft das Weibchen in die Höhle, die anschließend vom Männchen mit Lehm bis auf ein kleines Schlupfloch zugemauert wird. In diesem Gefängnis lebt das Weibchen bis zu vier Monate, legt Eier, zieht den Nachwuchs auf und mausert. Diese extreme Strategie sichert dem Männchen nicht nur die unverbrüchliche Treue seiner Partnerin, sondern schützt die Brut zudem vor Nesträubern.

Gliederfüßer: Pheromone, Balztanz und das Schlüssel-Schloss-Prinzip

Bei Gliederfüßern (Insekten, Spinnen- und Krebstiere) spielen Sexuallockstoffe für die Paarfindung oft eine wichtige Rolle. Bei Schmetterlingen wie dem Seidenspinner genügen schon Spuren des weiblichen Pheromons, um die Männchen auf die richtige Spur zu bringen. Hat sich ein Paar gefunden, wirbt das Männchen häufig mit einem aufwendigen Ritual um seine Partnerin.

Reich mir die Schere zum Tanz

Skorpione zählen zu den Spinnentieren; sie sind meist Einzelgänger und treffen sich nur zur Paarung. In der Fortpflanzungszeit ziehen die Weibchen ihre Partner mit Sexuallockstoffen an. Hat ein männlicher Skorpion ein paarungsbereites Weibchen gefunden, so ergreift er es von vorne an den großen Scheren, und der Hochzeitstanz beginnt. Das Tanzpaar bewegt sich langsam über den Boden, bis das Männchen mit einem Kammorgan am Bauch einen geeigneten Platz für die Ablage seines Samenpakets (Spermatophore) gefunden hat. Diese Spermatophore schützt die Spermien vor Austrocknung – nicht ganz unwichtig für das Leben in heißen und trockenen Regionen. Dann führt das Männchen das Weibchen zur Spermatophore, die es über seine Geschlechtsöffnung (Genitalporus) aufnimmt. Bei den meisten Arten sind damit der Hochzeitstanz und die Paarung beendet (bei anderen verspeist die Braut ihren Partner anschließend in bekannter Spinnenmanier). Wenn die jungen Skorpione schlüpfen, finden sie anfangs auf dem Rücken der Mutter Platz und werden so lange gefüttert, bis sie gelernt haben, selbstständig zu jagen.

Solche Werbezeremonien sorgen dafür, dass die richtigen Partner zusammenfinden. Das ist sehr wichtig, denn bei vielen Gliederfüßern unterscheiden sich beide Geschlechter äußerlich kaum, wohl aber deutlich in der Struktur der Geschlechtsorgane, die häufig artspezifisch und morphologisch spezialisiert sind. Das ist entscheidend für Arten, die anders als Skorpione direkten Genitalkontakt haben, wie die meisten Spinnen und Insekten. Der entscheidende Test ist dann die eigentliche Paarung, denn nur die Geschlechtsorgane eines Männchens und Weibchens derselben Art passen genau zusammen, funktionieren also wie Schlüssel und Schloss. Auf diese Weise können Insekten & Co. Fehlverpaarungen zwischen

Kopulationsrad der Libellen; Libellen können auch im Duo fliegen. (Foto: Michael Wink)

unterschiedlichen Arten vermeiden, die ja reine Zeit- und Energieverschwendung wären.

Wie sich in freier Natur beobachten lässt, kann eine Paarung bei manchen Insekten sehr lange dauern. Libellen können selbst während der Kopulation herumfliegen; diese merkwürdige Verhaltensweise wird als »Kopulationsrad« bezeichnet. Der evolutionäre Sinn der lang andauernden Paarung liegt wohl darin, dass Männchen auf diese Weise verhindern können, dass ein Weibchen von einem weiteren Männchen befruchtet wird. Sollte ein Weibchen bereits kurz zuvor befruchtet worden sein, kann das Männchen das Sperma seines Vorgängers mit seinem Penis mechanisch entfernen.

Inzucht – ein Problem?

Was ist, wenn sich Männchen und Weibchen zwar finden und zusammenpassen, aber eng verwandt sind? In kleinen Populationen, zum Beispiel auf isolierten Inseln, bleibt es nicht aus, dass nahe verwandte Tiere miteinander Nachwuchs produzieren. Unter Umständen stammen sie sogar nur von einem oder sehr wenigen Gründerpaaren ab, beispielsweise von Vögeln, die ein Sturm auf die Insel verschlagen hat. Eine solche Inzucht, also der Geschlechtsverkehr zwischen engen Verwandten, kann wegen der größeren Häufigkeit gleicher rezessiver Gene die Wahrscheinlichkeit für Erbschäden bei den Nachkommen stark erhöhen (Inzuchtdepression), wie wir aus der Tierzucht wissen. Dennoch finden wir in freier Natur nur selten Hinweise auf Defekte durch eine solche »Inzuchtdepression«. Wie lässt sich das erklären?

In Haustierzuchten gibt es keine natürliche Selektion, und selbst schwächere Individuen überleben und kommen zur Fortpflanzung. So können sich »schlechte« Allele ansammeln, wenn Züchter nicht darauf achten, dass die Elterntiere genetisch möglichst unterschiedlich sind und keine nahen Verwandten. In der Natur gibt es sicher auch Nachkommen mit genetischen Defekten, doch diese Individuen haben eine geringere Fitness und unterliegen im Wettbewerb oder werden Opfer von Raubtieren (weil das so negativ klingt, spricht man inzwischen von »Prädatoren«). Durch natürliche Selektion werden schwächere Individuen meist so früh ausgelesen, dass sie nicht zur Fortpflanzung kommen.

Eine simple Strategie, Inzucht zu vermeiden[64], ist das Suchen eines Partners außerhalb der eigenen Familie. Bei vielen Primaten wechseln vor allem die Männchen in neue Gruppen, bei uns Menschen und Menschenaffen sind die Frauen das mobilere Geschlecht. Aber es gibt noch weitere Möglichkeiten, der Inzuchtdepression ein Schnippchen zu schlagen, zum Beispiel Hybridisierung (Amazonen-Mollys) oder Gen-Elimination, wie man sie bei Milben findet (siehe unten).

Wie das Leben so spielt

Sich als Männchen die Vaterschaft des gemeinsamen Nachwuchses zu sichern, möglichst ohne dem Weibchen dabei eine große Wahl zu lassen, steht überall im Tierreich hoch im Kurs.

Es bleibt in der Familie: Geschwisterliebe bei Milben
Eine Möglichkeit ist, der Erste zu sein. So begatten manche Milbenmännchen ihre Schwestern bereits im Mutterleib – früher geht's

wirklich nicht, und Konkurrenten gibt's auch nicht: Evolutionsbiologisch sind das aus männlicher Sicht ideale Bedingungen!

Milben gehören zu den Spinnentieren und haben wie unsere Kreuzspinne acht Beine. Viele von ihnen sind Parasiten und haben eine bizarren, stark reduzierten Lebenszyklus. Das gilt zum Beispiel für Milben der Gattung *Acarophenax*, wie *A. mahunkai*, die die Eier von Mehlkäfern parasitieren. Das befruchtete, nur etwa 0,2 Millimeter große Milbenweibchen benutzt Mehlkäferweibchen als Transportmittel für seine Verbreitung (Phoresie). Legt das Insekt seine Eier ab, lässt sich die Milbe fallen, nistet sich in ein Ei ein und saugt dessen Inhalt aus. Dadurch schwillt ihr Körper grotesk an, bis sie aussieht wie ein Ballon mit kleinem Kopf und Beinstümpfen. Die Larven schlüpfen noch im Mutterleib und werden bereits vor ihrer Geburt geschlechtsreif, wobei sie ein höchst schräges Geschlechterverhältnis aufweisen: Bis auf ein einziges Männchen sind alle Nachkommen (es können je nach Art mehrere Dutzend sein) weiblich, aber in diesem Fall reicht ein Männchen eben aus, um zu tun, was getan werden muss. Der Stammhalter wird kurz vor seinen Schwestern geschlechtsreif und paart sich noch im Mutterleib mit ihnen. Ist seine Pflicht erfüllt, stirbt er bereits vor seiner Geburt, während die von ihm geschwängerten Schwestern die zerfallende Körperhülle der Mutter verlassen und sich auf die Suche nach einem Mehlkäfer-Transporter begeben, um einen neuen Zyklus zu beginnen und das Spiel des Lebens in Gang zu halten.

Dieses Muster findet sich auch bei anderen nahe verwandten Milbengattungen, wie *Adactylidium*, deren Vertreter sich auf das Aussaugen der Eier von Blasenfüßen (auch Fransenflügler oder Thripse genannt) spezialisiert haben. Die Nachkommen – ein Sohn und mehrere Töchter – ernähren sich vom Körpergewebe ihrer Mutter: Sie fressen sie von innen auf, häuten sich, werden geschlechtsreif und kopulieren mit ihrem Bruder. Wenn die mütterliche Leibeshöhle zum Platzen mit trächtigen Milbenweibchen, Kot und abgeworfenen Larvenhüllen angefüllt ist, beißen sich die Töchter heraus und besteigen ein neues Blasenfuß-Taxi, um sich davontragen zu lassen, während das zurückbleibende Männchen stirbt.

Inzest ohne Reue

Extremes Geschlechterungleichgewicht, Inzest, Kannibalismus (Matrizid): Was ist der biologische Vorteil einer solchen Ansammlung extremer Verhaltensweisen bei diesen parasitischen Milben? Nun, ein überaus kurzer Lebenszyklus von nur drei bis fünf Tagen sorgt – ebenso wie die Reduktion der Männchen zugunsten der Weibchen – für eine rasche Vermehrung, und die Nutzung der Insekten-Fluglinie sorgt für die nötige geografische Ausbreitung. *Acarophenax* & Co. sind Beispiele für eine extreme, skurrile, aber äußerst erfolgreiche biologische Anpassung.

Bleibt der Inzest, also der Geschlechtsverkehr zwischen engen Verwandten, der im Allgemeinen die Wahrscheinlichkeit für Erbschäden bei den Nachkommen stark erhöht – denken Sie nur an die ägyptischen Herrscher in der Antike, die Habsburger Unterlippe oder die Bluterkrankheit (Hämophilie) im russischen Zarenhaus. Warum kommt es bei *Acarophenax* & Co. mit ihrem obligaten Inzest nicht zu einer so genannten Inzuchtdepression, einer allgemeinen Verschlechterung der Qualität des genetischen Materials?

Das könnte daran liegen, dass bei Milben die paternale Gen-Elimination beliebt ist: Die Männchen schlüpfen zwar aus befruchteten Eiern, doch bereits während ihrer Embryonalentwicklung wird das väterliche Genom inaktiviert oder zerstört. Das wiederum führt dazu, dass Männchen nur einen einzigen Satz Gene haben und sich ein schädliches rezessives Gen nicht hinter seinem gesunden Doppelgänger verstecken kann. Männchen mit schädlichen Genen sterben einfach, sodass sich diese Gene nicht in der Population ansammeln können und trotz Inzests eine Inzuchtdepression vermieden wird.

Puppenpaarungen

»Frühbegattung« betreiben auch Schmetterlinge der Gattung *Heliconius*, die wegen der Nahrungspflanze ihrer Raupen als »Passionsblumenfalter« bezeichnet werden. Angelockt von Duftreizen, versammeln sich die Männchen mancher Heliconiden-Arten schon vor dem Schlüpfen um eine weibliche Puppe und fechten Kämpfe aus, um als Erster zum Zug zu kommen. Sie versuchen, mit dem schlüpfenden Weibchen zu kopulieren, noch bevor es seine Puppenhülle verlassen hat, indem sie ein Loch in die Hülle stanzen und ihren Hinterleib hindurchstecken (»Puppenpaarungen«). Die Männchen anderer Heliconiden-Arten warten wenigstens mit der Paarung, bis die Jungfer mit noch weichen Flügeln vor ihnen hockt. In beiden Fällen hat das Weibchen jedoch keine Wahl – es ist unfähig zum Widerstand oder zur Flucht und wird zum Sex gezwungen.

Dieses Verhalten ist allerdings riskant für das Weibchen, nicht nur, weil es sich nicht den besten Partner und damit die beste Spermaqualität aussuchen kann, sondern auch, weil es bei diesem Vorgehen leicht verletzt wird oder gar umkommt. Wie sich inzwischen herausgestellt hat, paaren sich die Männchen des Kleinen Kuriers – anders als früher angenommen – doch häufiger mit »gestandenen« Weibchen als mit »Jungfern in der Puppe«, und da haben die Weibchen natürlich die Wahl – vielleicht ist die Puppenpaarung evolutionär doch zu kostspielig.

Keuschheitsgürtel

Bei Schmetterlingen, bei denen die Weibchen mit vielen Partnern kopulieren, entscheidet das Weibchen darüber, wessen Spermien seine Eier befruchten. Oft ist es der letzte Partner, dessen Spermien zum Zug kommen und einen Großteil der Eier besamen – »last male sperm precedence« heißt das im englischen Biologenjargon, das letzte Männchen sahnt ab. Dann hat das erste Männchen, obwohl es doch so schnell war, das Nachsehen. Es sei denn, es sorgt dafür, dass nach ihm kein anderes Männchen mehr Zugang zu seiner

Partnerin hat, das heißt, es gelingt ihm, sie zu monopolisieren, zum Beispiel durch Bewachung der Partnerin (Mate Guarding). Dabei haben sich die Männchen verschiedener Apollofalter *(Parnassius)* evolutionär als besonders einfallsreich erwiesen: Nach Beendigung der lang dauernden Kopulation geben sie eine schnell aushärtende wachsartige Substanz ab und verschließen damit die Kopulationsöffnung des Weibchens. Dieser »Keuschheitsgürtel«, Sphragis genannt, ist so raffiniert geformt, dass er eine weitere Paarung verhindert, ohne die Eiablage zu behindern, denn das wäre für das Männchen ein Eigentor. Da der Gürtel von außen deutlich sichtbar ist, signalisiert er überdies anderen Apollo-Männchen, dass es sich nicht lohnt, hier Zeit und Mühe zu investieren. Das Weibchen hat in diesem Fall zwar die Wahl, aber nur beim ersten Mal – die Paarung mit mehreren Männchen ist ihm verwehrt.

Sollte man meinen. Wie sich herausgestellt hat, gelingt es Apollofalter-Weibchen im Lauf der Fortpflanzungssaison dennoch gelegentlich, den unerwünschten Schmuck loszuwerden und sich erneut zu paaren, sichtbar an einer weiteren Sphragis neben den Resten des alten Keuschheitsgürtels. Die Weibchen wehren sich also evolutionär gegen die ihnen von ihren polygamen Partnern aufgezwungene Monogamie, denn etwas mehr genetische Vielfalt ist sicherlich gut für ihren Fortpflanzungserfolg.

Alles in allem ist das Projekt »Keuschheitsgürtel« aus männlicher Sicht jedoch offenbar so erfolgreich, dass eine Sphragis gleich bei fünf Schmetterlingsgruppen unabhängig voneinander entwickelt wurde – wohl eines der klarsten Beispiele für die unterschiedlichen Interessen von Männchen und Weibchen bei der Paarung[65].

Schwanger schon vor dem Abstillen: Hermeline

So bizarres Sexualverhalten gibt es nur unter Aliens wie Insekten und ist unter Säugern unvorstellbar? Keineswegs! Bei Mardern wie dem Hermelin *(Mustelas ermenia)*, dessen weißer Winterpelz so manchen Königsmantel schmückt, ist die so genannte Säuglingsträchtigkeit weit verbreitet: Hermelinwelpen werden blind und taub und nur dünn behaart als Nesthocker geboren. Die weiblichen Jungtiere werden – wahrscheinlich durch Hormone in der mütterlichen Milch – schon mit vier bis sechs Wochen geschlechtsreif (die männlichen erst mit etwa ein Jahr). Und so kommt es vor, dass Rüden (häufig die eigenen Väter) in die Kinderstube eindringen und die noch blinden und heftig protestierenden Jungweibchen decken, bevor diese überhaupt abgestillt sind. Geboren werden die so gezeugten Jungen nach einer Keimruhe erst acht Monate später, wenn die Weibchen ausgewachsen sind.

Hermeline werden in freier Wildbahn in der Regel nur ein bis zwei Jahre alt, und diese brutale Form der Fortpflanzung sorgt dafür, dass fast alle Fähen gedeckt werden, was der gesamten Population zugutekommt. Anders als erwachsene Weibchen haben die Jungweibchen jedoch keine Möglichkeit der Partnerwahl – ein taktischer Vorteil für den Besamer, der sich seiner Vaterschaft sicher sein und das eigene Erbgut weitergeben kann. Daher wird dieses Verhalten ohne Rücksicht auf menschliche Moralvorstellungen von der natürlichen Selektion gefördert.

Hodengröße und Spermienmenge: von Menschenaffen und Beutelmäusen

Eine weitere Möglichkeit, den eigenen Fortpflanzungserfolg bei promisken Weibchen zu optimieren, besteht für ein Männchen darin, seine Konkurrenz auszustechen, indem es besonders viele Spermien produziert. Erinnern Sie sich an die Primärmännchen beim Blaukopf-Junker? Sie setzen auf Spermien-Massenproduktion, um die dominanten Sekundärmännchen bei der Besamung auszutricksen (siehe Seite 92). Bei einer inneren Befruchtung, wie sie Säuger und Vögel zeigen, kann reichlich Samenflüssigkeit zudem dazu dienen, die Hinterlassenschaften etwaiger Vorgänger einfach aus dem Genitaltrakt des Weibchens herauszuspülen.

Diese Art von Spermienkonkurrenz, die auf Masse setzt, geht bei Wirbeltieren, Fischen wie Säugern, mit der Hodengröße einher. Je mehr Sex, desto größer die Hoden, denn bei promisken Arten werden besonders viele Spermien benötigt. Der Zusammenhang zwischen Hodengröße und Spermienproduktion gilt auch für Primaten wie uns und unsere nächsten Verwandten und lässt höchst interessante Rückschlüsse auf die damit verbundenen Paarungssysteme zu.

Dicke Muskeln, kleine Eier: Gorillas

Bei den Großen Menschenaffen (Schimpansen/Bonobos, Orang-Utans, Gorillas, Mensch) zeigt sich das Ausmaß der innerartlichen Spermienkonkurrenz direkt in der Hodengröße. Dazu eine Anekdote: Vor Corona, als das Reisen noch einfach war, besuchte ich (MN) mit meinem Mann (ebenfalls Biologe) das wunderschöne Muséum d'Histoire naturelle de La Rochelle, im 18. Jahrhundert gegründet als Kuriositätenkabinett. Eine Vitrine zeigte ein aufgerichtetes Gorillamännchen. Trotz der drohend gefletschten Zähne mussten wir laut lachen ob des prächtigen Gemächts, das der Silberrücken zwischen den Beinen trug – es stammte eindeutig nicht von seinem aktuellen Besitzer.

Gorillas *(Gorilla)*, die neben Schimpansen/Bonobos und Orang-Utans zu unseren nächsten Verwandten gehören, bilden Haremsgesellschaften (polygynes Paarungssystem): Ein Silberrückenmann lebt mit einer Gruppe von mehreren, nicht näher miteinander verwandten Weibchen samt deren Nachwuchs zusammen: Entweder hat er die Weibchen, die – wie übrigens auch die Männchen – nach Eintritt der Geschlechtsreife ihre Geburtsgruppe verlassen, um sich geschart, oder er hat einen anderen Pascha nach hartem Kampf entthront[66]. (Die vom Pascha vertriebenen jungen Gorillamännchen bilden übrigens Junggesellengruppen, bei denen schwuler Sex an der Tagesordnung ist.)

Typisch für Arten, bei denen die Männchen miteinander um einen Harem kämpfen, ist ein deutlicher Größenunterschied zwischen Männchen und Weibchen. Dieser Geschlechtsdimorphismus ist in der Familie der Menschenaffen bei Gorillas besonders ausgeprägt: Männchen wiegen in freier Wildbahn bei einer Körpergröße von 1,70 Metern bis zu 180 Kilogramm. Weibchen sind gut einem Kopf kleiner und bringen es nur auf rund 70 Kilogramm. Einmal etabliert, muss sich ein Gorillamann nicht mehr um die Treue seines Harems sorgen. Bis er von einem jüngeren und kräftigeren Nachfolger entthront wird, begattet er alle Weibchen, ohne (Spermien-)Konkurrenz fürchten zu müssen: Er ist polygam, seine Frauen sind monogam – jedenfalls bis zur nächsten Machtübernahme. Daher benötigt er nur einen geringen Spermienvorrat, und die ca. 30 Gramm schweren Hoden sind so klein, dass sie im Fell kaum zu erkennen sind – auch sein Penis ist, nun, unauffällig (erigiert ca. drei bis sechs Zentimeter). Dieses Missverhältnis zwischen imposanter Körpergröße und mickrigen Genitalien kam dem historischen Präparator in La Rochelle offenbar so unnatürlich vor, dass er sich entschloss, den Missstand zu korrigieren und den Gorilla mit deutlich eindrucksvolleren Attributen (eines Schimpansenmännchens?) auszustatten. Im Gegensatz zu männlichen Schimpansen und Bonobos kümmern sich die Gorillamänner intensiv um ihre Kinder, wenn deren Mütter gestorben sind oder die Gruppe verlassen haben, sodass deren Überlebenswahrscheinlichkeit wesentlich höher ist als bei anderen Arten.

Konkurrenz unter den Weibchen (»Zickenkrieg«)

Übrigens konkurrieren bei Gorillas nicht nur die Männchen um einen Harem, sondern auch die Weibchen innerhalb des Harems untereinander, und zwar um die Samen des Silberrückens. Selbst wenn hochrangige Weibchen nicht empfangen können (weil sie nicht im Östrus oder bereits schwanger sind), kopulieren sie mit dem Pascha oder stören niederrangige Weibchen aggressiv bei der Kopulation. Vermutlich, so die Forscherinnen und Forscher, soll dieses Verhalten den eigenen Status erhöhen, das Interesse des Männchens an anderen Mitgliedern des Harems verringern (um deren Schwangerschaften hinauszögern) und den kostbaren Samen für den eigenen Nachwuchs sichern. Diese innerweibliche Konkurrenz um die Paarung mit einem bevorzugten Partner könnte auch eine Rolle bei der Evolution des menschlichen Paarungsverhaltens gespielt haben, das unabhängig von der Empfängnisbereitschaft der Partnerin ist.

Sexuelle Freizügigkeit ist Trumpf: Schimpansen (*Pan troglodytes*)
Warum haben Schimpansenmännchen im Vergleich zu ihrer Körpergröße so viel dickere Hoden als Gorillas? Das liegt vermutlich daran, dass sie um die Begattung sexuell empfänglicher Weibchen konkurrieren. Schimpansen leben in einer männlich dominierten Gesellschaft, doch beide Geschlechter unterscheiden sich in Größe und Gewicht weit weniger als Gorillas (Männchen ca. 50 Kilogramm; Weibchen ca. 40 Kilogramm). Obgleich das Alphamännchen eines Schimpansentrupps einige Vorrechte genießt, paaren sich die Weibchen in ihrer fruchtbaren Phase auch mit zahlreichen anderen Männchen des Trupps (so können sie die Vaterschaft verschleiern und das Risiko einer Kindstötung [Infantizid] für ihren Nachwuchs senken). Über die Vaterschaft entscheidet also nicht der Rang, sondern wessen Spermien das Rennen machen. Bei so viel Spermienkonkurrenz lohnt es sich, möglichst viele Spermien und Spermienflüssigkeit zu produzieren, und dazu braucht man große Hoden. Schimpansenhoden wiegen ca. 120 Gramm und machen damit etwa drei Promille des Körpergewichts aus[67] (bei Gorillas sind es nur 0,2 Promille). Und Schimpansenmännchen brauchen wegen der gewaltigen Brunstschwellungen ihrer Weibchen einen deutlich längeren Penis als Gorillas: erigiert misst er immerhin zehn bis 18 Zentimeter.

Eingefleischte Einzelgänger: Orang-Utans (*Pongo*)
Die rothaarigen Zottelträger aus Südostasien sind wie Gorillas weitgehend Vegetarier, aber deutlich stärker ans Baumleben angepasst. Sie leben in der Regel als Einzelgänger, Ausnahmen bilden

Mutter-Kind-Familien. Beide Geschlechter weisen einen starken Sexualdimorphismus auf; Männchen werden deutlich größer und mit fast 90 Kilogramm mehr als doppelt so schwer wie die Weibchen. Hochrangige Männchen halten eigene Reviere und paaren sich mit den dort ansässigen Weibchen; überdies versuchen die Revierbesitzer, »ihre« Weibchen vor den sexuellen Übergriffen niederrangiger durchziehender Männchen zu schützen; (Hodengewicht ca. 35 Gramm/0,5 Promille des Körpergewichts, Penislänge erigiert ca. vier Zentimeter).

Damit weist das Fortpflanzungsverhalten von Orangs Züge eines Haremssystems auf, doch weniger ausgeprägt als bei Gorillas; auf der anderen Seite verhalten sich die Weibchen keinesfalls so sexuell freizügig wie Schimpansen. Das spiegelt sich auch in der genitalen Ausstattung der Männchen wider: Hodengewicht und Penislänge liegen über der von Gorillas, aber deutlich unter der von Schimpansen.

Monogam oder lieber doch promisk? Mensch (*Homo sapiens*)
Der Mensch, dieser nackte Affe oder »dritte Schimpanse« (wie uns der amerikanische Evolutionsforscher Jared Diamond betitelte), verfügt über die bei Weitem vielfältigsten sexuellen Formen des Zusammenlebens: Sie reichen von ausgeprägter männlicher Polygamie (Polygynie, Harem) bis zur Monogamie, doch dazwischen gibt es so gut wie alles, von der freien Liebe der Hippiekommunen bis zur völligen sexuellen Enthaltsamkeit (Zölibat). Offiziell gilt in der westlichen Welt die Einehe als die angesagte Lebensform, aber bei genauerem Hinsehen muss man an diesem christlichen Ideal zweifeln; kaum jemand verbringt heute sein ganzes Erwachsenenleben mit ein und demselben Partner/Partnerin. Untreue innerhalb einer Beziehung ist nicht selten, und viele Menschen warten auch nicht, bis dass der Tod sie scheidet, sondern schließen häufiger den »Bund fürs Leben« – eine Art »serielle Monogamie« mit so genannten Lebensabschnittspartnerschaften. Im Vergleich zu Schimpansen-

und Bonobomännern, die sich mit jedem Weibchen im Östrus paaren, das sie erreichen können, scheinen zumindest heutige Menschenmänner zurückhaltender, was vielleicht daran liegt, dass sie bei einer Paarbindung gesellschaftliche und finanzielle Verantwortung für ihren Nachwuchs übernehmen müssen.

Spekulationen zufolge hat sich der Mensch selbst domestiziert[68], wobei die Frauen eine Schlüsselrolle gespielt haben dürften. Sie haben vermutlich bei der Partnerwahl Männer bevorzugt, die weniger aggressiv, dafür kooperativer und empathischer waren. Der Verlust von Kindern, sei es durch Infantizid[69] oder durch andere Formen männlicher Gewalt, senkte ihren Reproduktionserfolg dramatisch – sie hatten dadurch deutlich mehr zu verlieren als Männer mit ihrem fast unbegrenzten Spermienvorrat. Menschenmänner haben deutlich kleinere Eckzähne im Oberkiefer als die Männchen unserer nächsten Verwandten. Das gilt als Indiz für größere Friedfertigkeit – zeigt aber vielleicht nur, dass *Homo sapiens* auf andere Waffen umgestiegen ist.

Die heutige Vielfalt sexueller Lebensformen ist sicherlich kulturell bedingt, doch unsere Anatomie liefert einige Hinweise auf das Fortpflanzungsverhalten unserer Vorfahren. Männer und Frauen unterscheiden sich nur relativ wenig in Größe und Gewicht; insofern ähneln wir eher den sexuell freizügigen Schimpansen als den Gorillas oder Orang-Utans. Und was die Hoden angeht, so liegt deren Gewicht bei *Homo sapiens* mit durchschnittlich rund 40 Gramm deutlich über demjenigen von Gorillamännchen, aber ebenso deutlich unter demjenigen von Schimpansen. Der erigierte Penis eines Menschenmannes liegt mit 13 bis 15 Zentimetern im Schimpansen- und Bonobo-Bereich. All das spricht dafür, dass sich *Homo*-Frauen sexuell freizügiger verhalten konnten als ihre Gorillaschwestern, dass zwischen den Geschlechtern aber engere familiäre Bindungen bestanden als bei Schimpansen. Evolutionsbiologisch weist dies auf eine eher polygyne Art mit Trend zur Monogamie und einer Tendenz zu Seitensprüngen hin.

Trotz unseres großen Gehirns und all unserer kulturellen Fortschritte sind wir Teil des Tierreichs und haben noch immer eine ganze Menge mit unseren nächsten Verwandten gemein. Was unser Sexualverhalten angeht, lassen sich Ähnlichkeiten mit dem Haremssystem der Gorillas und dem polygamen Paarungsverhalten von Schimpansen nicht leugnen. Wen wundert's, schließlich sind unsere Vorfahren Menschenaffen (Australopithecinen), von denen sich unsere Gattung *Homo* erst vor zwei Millionen Jahren getrennt hat – und *Homo sapiens* ist stammesgeschichtlich ein ganz junger Spund, gerade einmal 300 000 Jahre alt. Das war vor nicht einmal 15 000 Generationen, und Sex war schon immer ein konservatives System.

Sexmarathon bis zum Herzinfarkt: Beutelmäuse

Wenn es eine Art gibt, die Spermienkonkurrenz ins Extrem treibt, dann sind es die Stuart-Breitfußbeutelmäuse *(Antechinus stuartii)*. Die Männchen dieser kleinen nachtaktiven, vorwiegend insektenfressenden Raubbeutler – ca. zehn Zentimeter Körperlänge, dazu noch einmal zehn Zentimeter Schwanz – verkörpern das Lebensgefühl Jugendlicher zur Rock 'n' Roll-Zeit. Sie leben schnell und gefährlich und sterben jung: Nach einem kurzen, rauschhaften Sexmarathon segnen sämtliche Männchen, aufgeputscht von Sex- und Stresshormonen (Testosteron und Cortisol), völlig erschöpft das Zeitliche. Diese selbstmörderische Fortpflanzung, die auch bei anderen insektenfressenden Beuteltieren[70] Australiens und Südamerikas vorkommt, nennt man Semelparität.

Solch selbstmörderisches Verhalten im Zusammenhang mit Sex ist auch von Spinnenmännchen (siehe Seite 135) bekannt, und da ist die Deutung nicht so schwierig: besser einmal Nachwuchs als keinmal, wenn der saftige Happen für die Partnerin dem eigenen Nachwuchs zugutekommt. Aber die kleinen Raubbeutlerweibchen fressen Insekten, keine Partner – es muss also etwas anderes dahinterstecken.

Wie sich gezeigt hat, ist die Triebkraft für das Verhalten der Beutler die gute alte Spermienkonkurrenz. Männchen und Weibchen werden mit 9,5 Monaten geschlechtsreif, und es gibt – in Abhängigkeit vom Höhepunkt des Insektenaufkommens – nur eine einzige Brutsaison pro Jahr. In diesen zwei bis drei Wochen paaren sich die Weibchen mit mehreren Partnern. Ein Wurf umfasst bis zu acht Junge, die von verschiedenen Vätern stammen können. Die Spermienkonkurrenz unter den Männchen ist sehr hoch, denn sämtliche Weibchen werden synchron empfängnisbereit. Dieser evolutionäre Druck zeigt sich auch an den überproportional großen Hoden der Männchen und an der langen Kopulationsdauer. Wer die meisten Spermien produziert, sich mit den meisten Weibchen paart und am längsten »kann«, hat also den größten Fortpflanzungserfolg.

Die extrem kurze Fortpflanzungsperiode und all die gleichzeitig fruchtbaren Weibchen verschärfen den Wettbewerb zwischen den Männchen, die äußerst aggressiv aufeinander reagieren. Sie nehmen keine Nahrung mehr auf, verlieren die Hälfte ihres Körpergewichts und hetzen als Androgenjunkies von Weibchen zu Weibchen, bis ihr Stresslevel derart steigt, dass ihr Immunsystem zusammenbricht. Nach drei Wochen lebt kein einziges Stuart-Breitfußbeutelmausmännchen mehr, noch nicht einmal ein Jahr alt, dahingerafft von Bakterien- und Parasiteninfektionen, Magengeschwüren und Multiorganversagen. Dann besteht die ganze Art nur noch aus trächtigen Weibchen, die nach aufreibender Aufzucht ihrer Jungen in der Regel ebenfalls sterben; nur wenige erleben eine zweite Brutsaison.

Suizidale Fortpflanzung[71] – erzwungen durch extreme Spermienkonkurrenz – scheint eine ziemlich riskante Strategie der sexuellen Selektion zu sein. Ob sie auf Dauer erfolgreich ist oder die Beutelmäuse in eine Sackgasse führt, bleibt abzuwarten – die Evolution »überlegt sich« nicht im Vorhinein, wohin sie steuert.

Bei all dem, was über Spermienkonkurrenz gesagt wurde, sollte man jedoch nicht vergessen, dass die Weibchen auch nach der Paarung noch ein Wörtchen mitzureden haben – durch versteckte Weibchenwahl (*cryptic female choice*, siehe Kasten Seite 67) sitzt »sie« selbst bei erzwungenen Sex je nachdem noch am längeren Hebel, was den Nachwuchs angeht.

Interessenkonflikt der Geschlechter

Beide Geschlechter, Männchen wie Weibchen, haben evolutionsbiologisch ein gemeinsames Ziel: möglichst viele fitte Nachkommen, die die eigenen Gene weiterverbreiten. So weit ist man sich einig. Konflikte entstehen erst, wenn es um die Kostenteilung geht; Weibchen investieren kostbare, große Eizellen, Männchen hingegen energetisch billige, kleine Spermien. Zudem tragen Weibchen (fast) immer die Last der Schwangerschaft und kümmern sich zudem häufig allein um die Aufzucht der Jungen, was ihren Stoffwechsel belastet und früher angelegte Fett- und Proteinreserven aufzehrt.

Während die meisten Weibchen in der Natur Nachwuchs produzieren, gehen viele Männchen leer aus. Kein Wunder, dass es in der Regel die Männchen sind, die um die Weibchen werben, während die Umworbenen sich die Bewerber genau anschauen, um den besten (genetisch optimalen) Partner zu finden (siehe Kapitel »Cherchez la femme«). Bei vielen Tierarten tragen die Männchen zwar außer ihrem Sperma nicht viel zur Fortpflanzung bei, doch bei manchen zeigen sie sich galant und bringen zur Brautwerbung Geschenke mit.

Wie das Leben so spielt
Naschwerk, Gift und Gattenopfer

Geschenke erhalten nicht nur die Freundschaft, sondern können auch den Weg ebnen, um die Gunst einer Partnerin zu gewinnen; das gilt im ganzen Tierreich (zu dem bekanntlich auch Homo sapiens *zählt). Bei einigen Gliederfüßergruppen, beispielsweise manchen Käfern und Schmetterlingen, aber auch Spinnen (siehe unten), hat sich die Sitte der »Brautgaben« durchgesetzt: Solche Brautgeschenke können je nach Gusto nahrhaft (Pralinen, tote Insekten), nützlich (Zuckerkännchen, eine Prise Gift) oder auch hübsch anzusehen (Blumen, dekorative Schneckenhäuser) sein – was eben gesellschaftlich so üblich ist. Diese Geschenke werden der Partnerin vor der Paarung überreicht und von ihr genauestens geprüft. Dabei geht es nicht immer ohne Tricksereien von beiden Seiten ab.*

Bonbons für die Braut: Skorpionsfliegen

Skorpionsfliegen *(Panorpa vulgaris)* verdanken ihren Namen dem männlichen Genitalsegment, das an einen Skorpionsstachel erinnert. Sie ernähren sich hauptsächlich von den Kadavern kleiner Gliedertiere, einer recht unzuverlässigen Nahrungsquelle, um die heftig gestritten wird – ein Streit, bei dem die kleineren Weibchen gegenüber den Männchen oft den Kürzeren ziehen.

Weibchen wie Männchen sind promisk und paaren sich mit vielen Partnern, wobei Weibchen von ihren Freiern »Brautgeschenke« erwarten. Um die Umworbene »in Stimmung« zu bringen, überreicht ihr das Männchen daher eine Lockspeise. Das kann die proteinreiche Beute einer Spinne sein oder, falls nicht verfügbar, selbst gemachte, eiweißreiche Sekrettropfen aus seinen Speicheldrüsen, die als »Bonbons« bezeichnet werden.

Diese Bonbons werden von ihr während der Paarung vernascht, und solange ihr Freier sie damit versorgt, lässt sie ihn gewähren: Je mehr Bonbons, desto länger die Kopulationsdauer. Und je länger die Paarung, desto mehr Spermien werden übertragen, die vom Weibchen in einem speziellen Samenbehälter (Receptaculum seminis) gespeichert und mit den Spermien anderer Freier gemischt werden. Proportional zum Anteil seiner Spermien an diesem Spermienmix steigen auch die Chancen des Männchens auf Nachwuchs.

Skorpionsfliege – nicht nur ihr Aussehen, auch ihr Fortpflanzungsverhalten ist bizarr. (Foto: André Karwath, Wikimedia Commons)

Aus der Anzahl der überreichten Bonbons – Bonbons sind ein ehrliches Signal (siehe Seite 64) – kann die Braut auf den Ernährungszustand ihres Freiers schließen, denn nur wohlgenährte Männchen können sich eine üppige Bonbonproduktion leisten. Entweder sind sie besonders gute Futtersucher oder vertreiben Nahrungskonkurrenten besonders aggressiv von Insektenkadavern. Das gibt ihr einen Hinweis auf seine genetische Qualität und erlaubt ihr, mithilfe der Kopulationsdauer und der Lage der Spermien im Samenbehälter zu entscheiden, wie häufig seine Spermien ihre Eier befruchten. Ein knickriger Freier hat daher wenig Chancen auf Vaterschaft ... Dennoch kommen bei den Skorpionsfliegen auch ruppige Freier zum Zuge, die die Paarung erzwingen. Die galanten Freier mit Brautgeschenken sind dank dieser versteckten Weibchenwahl (*cryptic female choice*) langfristig jedoch offenbar erfolgreicher.

Gift als Liebesgabe: Cantharidin
Spanische Fliege: Deutlich origineller ist da das Geschenk, mit dem die Männchen der Spanischen Fliege (*Lytta versicatoria*) auf Brautschau gehen. Um seine Partnerin von seinen Qualitäten zu

überzeugen, bietet dieser hübsche Galan aus der Familie der Ölkäfer (Meloidae), auch als Blasenkäfer bekannt, der potenziellen Mutter seiner Kinder ein natürliches Gift an: Cantharidin. Nur die Männchen der Spanischen Fliege (Gattung *Lytta*, früher *Cantharis*) und anderer Ölkäfer, wie des Schwarzblauen Ölkäfers, *Meloe proscarabaeus*, synthetisieren dieses hochpotente Terpenoid, das seinen Träger ungenießbar macht und viele Fressfeinde, zum Beispiel Spinnen, zuverlässig abschreckt. Wenn es dem Männchen gelingt, eine paarungsbereite Artgenossin zu überzeugen, dass es voller Cantharidin steckt, erlaubt sie ihm die Kopulation und erhält von ihm im Gegenzug im Spermapaket eine ordentliche Menge des Gifts. Dadurch gewinnt sie auf der Stelle einem wirksamen chemischen Schutz und kann auch ihre Eier und zudem die daraus schlüpfenden Larven mit dem väterlichen Gift imprägnieren, was deren Überlebenschancen deutlich erhöht. Da erhält der Begriff »Mitgift« doch gleich eine ganz konkrete Bedeutung!

Die aus den Eiern geschlüpften Larven lassen sich von Solitärbienen in ihre Nester tragen und ernähren sich dort von den Bienenlarven und deren Nahrung – sie verhalten sich also wie eine Art Zwitter aus Prädator und Parasit. Nach zwei weiteren Larvenstadien verpuppen sie sich, und es schlüpft der grüngolden glänzende erwachsene Käfer.

Warum nur männliche Ölkäfer Cantharidin produzieren, wissen wir nicht. Wahrscheinlich ist die Synthese aus Mevalonsäure energetisch teuer, und da Cantharidin das einzige »väterliches Investment« ist, das die Männchen leisten, überlassen die Weibchen ihnen diese Aufgabe. Dieses Investment lohnt sich für beide, denn besser geschützte Eier und Nachkommen bringen auch den Vätern mehr Fitness.

Feuerkäfer: Die Spanische Fliege und ihre nächsten Verwandten sind nach heutigem Kenntnisstand die einzigen Lebewesen, die Cantharidin im Körper synthetisieren können, und dieser chemische Abwehrstoff ist auch bei anderen Käfern heiß begehrt, beispielsweise bei Feuerkäfern (Pyrochroidea) wie *Neopyrochroa*. Die Feuerkäfermännchen selbst können kein Cantharidin herstellen, sondern müssen es sich von Ölkäfern beschaffen (zum Beispiel durch Ablecken toter Individuen). Daher testen die Weibchen im Rahmen der Balz, ob das Männchen tatsächlich hält, was es verspricht, und lassen sich eine kleine Cantharidinprobe aus seiner Stirndrüse geben, bevor sie ihm die Kopulation erlauben. Anschließend lagern die Feuerkäferweibchen ganz ähnlich wie ihre »spanischen« Geschlechtsgenossinnen das Gift im eigenen Körper ein und schützen damit auch ihre Gelege und Nachkommen.

Riskantes Aphrodisiakum
Sogar *Homo-sapiens*-Männchen sind an Cantharidin interessiert, und ebenso wie bei den Käfermännchen geht es dabei um Paarung. Dieses aus der Spanischen Fliege gewonnene Gift, ein starker Hautreizstoff (»Blasenkäfer«), gilt als erektionsverstärkendes Aphrodisiakum. Bei der Dosierung ist jedoch Fingerspitzengefühl geboten: Ab rund 0,5 Milligramm/Kilogramm Körpergewicht – bei einem Mann von 80 Kilogramm also 40 Milligramm – kann das Liebesabenteuer für den Konsumenten tödlich enden.

Der giftigen Brautgeschenke zweiter Teil: Alkaloide
Gift als Schutz gegen Fressfeinde ist ein höchst nützliches Mitbringsel, doch Cantharidin hat den Nachteil, dass es schwierig zu synthetisieren und daher ziemlich rar ist – ganz anders sieht es bei Alkaloiden aus, hochgiftigen Verbindungen, mit denen Pflanzen sich vor Vegetariern gleich welcher Beinzahl schützen.

Alkaloide sind als Brautgeschenke unter Insekten ebenfalls sehr beliebt. Sie werden von vielen Pflanzen als Abwehrstoffe gegen Pflanzenfresser, ob Insekten oder Ziegen, produziert, müssen also nicht *de novo* produziert werden, und einige Insekten haben im Lauf ihrer Evolution sogar gelernt, diese Sekundärstoffe für eigene Zwecke zu nutzen. Wie immer ist ein solches System aber nicht narrensicher – so wie Cantharidin zwar vor Spinnen und räuberischen Käfern, nicht aber vor Kröten schützt –, und einige Insektenlarven haben im Lauf ihrer Evolution die Fähigkeit entwickelt, diese pflanzlichen Abwehrstoffe nicht nur unschädlich zu machen, sondern sie zum eigenen Schutz zu nutzen. Das gilt auch für die Raupen des Bärenspinners *Utetheisa ornatrix*, dessen auffällige Färbung Fressfeinde schon optisch vor seiner Giftigkeit warnt.

Die Raupen ernähren sich von Schmetterlingsblütlern, die als Fraßschutz Pyrrolizidin-Alkaloide produzieren, und lagern diese Alkaloide ihrerseits als Schutz vor Fressfeinden in ihre Gewebe ein, insbesondere in die Haut. Das führt dazu, dass beim Schlüpfen aus der Puppe beide Geschlechter, Männchen wie Weibchen, mit wehrhaften Alkaloiden ausgestattet sind. Individuell kann der Giftgehalt jedoch beträchtlich variieren – Raupen, die an den besonders alkaloidreichen Samen ihrer Wirtspflanze gefressen haben, sind deutlich giftiger als solche, die sich mit Blätternahrung begnügen mussten. Weibchen, die wenig Alkaloid abbekommen haben, sind daher nur unvollkommen vor Prädatoren wie Spinnen geschützt. Paaren sie sich jedoch mit einem Männchen, dessen Spermatophore reich an Alkaloid ist, so sind sie von diesem Moment für viele Fressfeinde »off limits« und können auch ihre Eier entsprechend imprägnieren (väterliches Investment, siehe oben).

Aber woher wissen die Weibchen, mit welchem Männchen sich die Paarung lohnt und wer sie eher mit einem mageren Alkaloidpaket abspeisen möchte? Nun, da kommen männliche Pheromone ins Spiel. Im Rahmen der Brautwerbung geben manche Männchen einen Duftstoff ab, der aus denselben pflanzlichen Pyrrolizidin-Alkaloiden synthetisiert wird wie die »Mitgift«, und signalisieren dem Weibchen so ihre Potenz als Beschützer. Die Weibchen riechen die Signale und paaren sich vorwiegend mit Männchen, die ihren Alkaloidreichtum auf diese Art unter Beweis stellen.

Bärenspinner, die sich ihrer Ungenießbarkeit sicher sind, zeigen dementsprechend ein sehr ungewöhnliches Verhalten gegenüber Fressfeinden wie Spinnen: Geraten sie in ein Spinnennetz, so zappeln sie nicht etwa wie andere Schmetterlinge herum, um wieder freizukommen, sondern warten seelenruhig darauf, dass die Besitzerin des Netzes herbeieilt, sie kurz betastet und dann schleunigst aus dem Netz herausschneidet. Igitt! Und es ist tatsächlich der Alkaloidgehalt, den die Spinne wahrnimmt und der sie davon abhält, die Beute zu verspeisen – alkaloidfrei im Labor aufgezogene Bärenspinner werden nämlich unverzüglich ausgesaugt und auf ein trockenes Päckchen Chitin reduziert!

Duftende Alkaloide

Eine bemerkenswerte »Verhaltensvariante« zeigt der asiatische Bärenspinner (*Creatonotos transiens*), über den wir (MW und sein Team) viele Jahre geforscht haben. Die Raupen dieses Bärenspinners sind nach Pyrrolizidin-Alkaloiden (PAs) offensichtlich geradezu süchtig. Sie fressen selbst mit PAs imprägniertes Löschpapier mit großer Begeisterung. Diese »Sucht« bewirkt, dass die Raupen Wirtspflanzen mit PAs aufsuchen. Sie speichern die PAs in ihrem Körper, und so gelangen die Alkaloide in die Puppe und nach der Metamorphose schließlich in den Falter. Während die Weibchen die PAs vor allem in den Eiern speichern, sind es bei den Männchen zwei Speicherorte, die Samenpakete (Spermatophoren) und die Duftpinsel (Abbildung), wo die Alkaloide in flüchtige Pheromone umgewandelt werden. Die stark behaarten Duftpinsel sind aufblasbar und stülpen sich aus dem Hinterleib der Männchen; so können die Pheromone bestens in die Umgebung abgegeben werden. Hatte eine Raupe, aus der sich ein Männchen entwickelt, keine Alkaloide gefressen, so bilden sich die Duftpinsel nur rudimentär aus (Abbildung). Je mehr PAs ein Faltermännchen im Larvenstadium aufgenommen hat, desto größer sind die Pheromonmenge und die Menge an PAs in den Spermatophoren. Paart sich ein *Creatonotos*-Weibchen mit einem besonders intensiv duftenden Bärenmann, so erhält es im Gegenzug über die Spermatophore

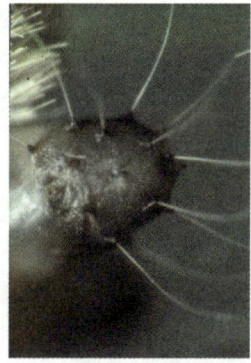

Duftorgane des Bärenspinners (*Creatonotus transiens*). Links: Raupe hatte Pyrrolizidinalkaloide (PAs) in der Nahrung; Männchen bildet große Duftpinsel aus; rechts: Raupe ohne PAs; die Duftpinsel werden nur rudimentär ausgebildet. (Fotos: Michael Wink)

große Mengen an PAs. Diese Alkaloide werden zusätzlich zu den eigenen Alkaloiden in den Eiern abgelagert, die somit chemisch noch besser geschützt werden – ein nützliches Brautgeschenk.

Gottesanbeterinnen: Warum kopflose Männchen die besseren Liebhaber sind

Die Männchen der Gottesanbeterinnen bieten ihrer Partnerin statt Gift etwas deutlich Nahrhafteres: Sie opfern ihren eigenen Körper als Preis für Paarung und Fortpflanzung. Das Erstaunliche ist, dass sie dabei evolutionsbiologisch durchaus auf ihre Kosten kommen ... Die bei uns in Europa heimische, wegen ihrer fromm gefalteten Fangbeine als »Gottesanbeterin« bezeichnete *Mantis religiosa* führt aus christlicher Sicht kein besonders gottgefälliges Leben, jedenfalls was die Weibchen angeht.

Weibliche Gottesanbeterinnen verzehren nämlich gewohnheitsgemäß ihren Freier und warten dabei nicht etwa wie die meisten Spinnen bis nach der Paarung (siehe unten), sondern sorgen dafür, dass ihr Galan schon während des Liebesspiels den Kopf verliert,

Diese weibliche Europäische Gottesanbeterin hat ihrem Freier den Kopf abgebissen, was ihn als Liebhaber ungehemmter und als Vater erfolgreicher macht, weil mehr Spermien übertragen werden. Bei den Mantiden-Arten, die sexuellen Kannibalismus praktizieren, verlieren die Freier in rund 15 bis 30 Prozent aller Paarungen den Kopf – das kann man als eine extreme Form männlicher Monogamie ansehen. (Foto: Oliver Koemmerling, Wikimedia Commons)

denn das heizt seinen Enthusiasmus deutlich an: Befreit von den hemmenden Botschaften der Hirnsignale, widmet er sich seiner Aufgabe intensiver, als wenn sein Kopf noch an Ort und Stelle ist.

Charles Darwin sah im sexuellen Kannibalismus, also dem Verzehr des Partners im Rahmen der Paarung (der von rund 80 Arten bekannt ist), ein Paradebeispiel für den ultimativen Interessenkonflikt zwischen den Geschlechtern. Die Vorteile für weibliche Gottesanbeterinnen liegen auf der Hand: Da der Geschlechtsdimorphismus bei Mantiden nicht so stark ausgeprägt ist wie bei vielen Spinnenarten – *Mantis-religiosa*-Weibchen werden etwa acht Zentimeter, Männchen etwa sechs Zentimeter lang –, ist der Verzehr eines Geschlechtspartners für die zukünftige Mutter eine nicht zu verachtende »Beutestrategie«.

Das Männchen scheint bei dieser Paarungsvariante der Loser zu sein, aber da der Proteinschub den körperlichen Zustand der Mutter seiner noch ungeborenen Kinder deutlich verbessert und ihre Fruchtbarkeit erhöht, geht es nicht leer aus. Man kann seine Strategie als Möglichkeit ansehen, seinen Fortpflanzungserfolg zu optimieren – der eigene Körper als Investition in die Nachkommen sozusagen.

Spinnenmännchen: Bonding und kopulatorischer Selbstmord
Manche Spinnenmännchen versuchen, dem Tod in den Klauen der Partnerin durch verschiedene Tricks wie Fesselung oder eingepackte Geschenke, die erst einmal ausgewickelt werden müssen, zu entgehen. Andere Spinnenmännchen legen es geradezu darauf an, ihre Partnerin zur Kannibalin zu machen, um den gemeinsamen Fortpflanzungserfolg zu erhöhen.

Ähnlich wie bei anderen Wirbellosen sind bei Krabbenspinnen und netzbauenden Spinnen die Männchen oft deutlich kleiner als die Weibchen. (Nur bei Säugetieren und Vögeln sind die Männer meist größer als die Frauen). Das hängt offenbar mit ihrem ungewöhnlichen Liebesleben zusammen. Denn Spinnenmännchen müssen mit ihren *femmes fatales* klarkommen. Vor allem unter Spinnen ist sexueller Kannibalismus durchaus *en vogue*. Sprichwörtlich geworden ist die Europäische Schwarze Witwe *(Latrodectus tredecimguttatus)* samt Verwandtschaft, eine bis zu 15 Millimeter lange (Weibchen) schwarze, auffällig rot gemusterte Kugelspinne, die nicht nur für Menschen ziemlich giftig ist, sondern auch zum Gattenmord neigt.

Wenn die Witwe *in spe* die Werbung ihres deutlich kleineren Freiers so weit akzeptiert hat, dass sie ihn herankommen lässt, sucht er seine Partnerin vor dem Akt mit Seidenfäden zu fesseln, um sich etwas Zeit zu verschaffen. Doch meist gelingt es ihr so schnell, sich zu befreien, dass er seinem Schicksal als Kraftsnack für Mutter und Brut nicht entkommt und nach oder gar noch während der Paarung aufgefressen wird ... aber besser, sich einmal zu paaren als keinmal.

So scheinen auch die Männchen einer engen Verwandten, der Rotrückenspinne *(Latrodectus hasellti)* zu denken, die geradezu darum drängen, in den Fängen ihrer Partnerin zu landen. Bei diesen Witwen-Spinnen sterben in freier Wildbahn rund 80 Prozent aller Männchen, ohne sich jemals gepaart zu haben. Sex, auch kannibalistischer Sex, erscheint da evolutionär als durchaus vernünftige Alternative, um zumindest einmal Vater zu werden – zu diesem Zweck katapultieren sie sich in die Kieferklauen ihrer Partnerin. Männchen, die gefressen werden, zeugen deutlich mehr Nachwuchs als weniger selbstmörderische Geschlechtsgenossen.

Manche Rotrückenspinnenmännchen greifen allerdings zu einem Trick: Sie suchen noch nicht geschlechtsreife Weibchen auf, die kurz vor der letzten Häutung stehen, stanzen in deren Körperdecke ein Loch und deponieren ihre Spermien in den bereits entwickelten Speicherorganen (Spermathecae), sodass die Spermien nach der Häutung die Eier des nun erwachsenen Weibchens befruchten können. Auf diese Weise kann das Männchen seinen Fortpflanzungserfolg erhöhen, ohne direkt mit seinem Leben zu bezahlen, denn Kannibalismus ist unter diesen Umständen selten. Das scheint eine ganz erfolgreiche Taktik zu sein – ein Drittel der in freier Wildbahn gesammelten, noch nicht geschlechtsreifen Rotrückenspinnenweibchen war bereits besamt.

Salto mortale aus der Todeszone: Eine andere Methode, dem tödlichen Liebesbiss ihrer Partnerin zu entkommen, haben die Männchen der Kräuselradnetzspinne *Philoponella prominens* entwickelt. Direkt nach der Paarung katapultiert sich das ca. drei Millimeter große Männchen – die Weibchen werden etwa doppelt so groß – aus dem Bereich der Giftklauen seiner Partnerin und schlägt dabei mehrere Saltos. Bei diesem unglaublichen hydraulischen Kraftakt kann es eine Geschwindigkeit von rund 90 Zentimetern/Sekunde (über 300 Stundenkilometer) erreichen. Männchen, die zu dieser Leistung fähig sind, entkommen in der Regel, während ihre weniger akrobatischen Geschlechtsgenossen dem ausgeprägten Appetit ihrer Partnerinnen zum Opfer fallen.

Man sollte nun meinen, dass der Entkommene das Weite sucht, aber weit gefehlt! Er landet baumelnd an einer Sicherheitsleine, die er bei der ersten Paarung an der Möchtegern-Kannibalin befestigt hat, und hat nichts Eiligeres zu tun, als wieder zu ihr emporzuklettern und das ganze riskante Spiel zu wiederholen. Wie alle Spinnenmännchen hat er nämlich zwei »Penisse« (Pedipalpen) an seiner Mundöffnung und seine Partnerin zwei Genitalöffnungen auf der Bauchseite. So müssen sich Spinnenmännchen und -weibchen sehr nah kommen. Wenn ihm dasselbe Kunststück also noch einmal gelingt, kann er seine Chancen auf Vaterschaft deutlich erhöhen.

Dieses Verhalten ist ein eindrucksvolles Zeichen für das Wettrüsten zwischen den Geschlechtern. *Philoponella*-Spinnen leben in großer Zahl in komplexen Netzsystemen zusammen – also herrscht für die Weibchen rundum kein Mangel an Männchen. Das Katapultieren als Anpassung der Männchen an den weiblichen Sexualkannibalismus erlaubt den Weibchen daher, ihren Trieben zu frönen, ohne das Risiko einzugehen, als alte Jungfern zu sterben. Gleichzeitig stellen die Weibchen auf diese Weise sicher, dass nur die körperlich fittesten Männchen Väter ihrer Brut werden – wer zu langsam ist, den bestraft das Leben und entfernt ihn aus dem Genpool. Momentan scheinen die Männchen im Vorteil – außer ihrem Sperma tragen sie nichts zu den Kosten der Fortpflanzung bei –, doch wenn die Weibchen irgendwann im Lauf ihrer Evolution »lernen«, die Männchen etwas fester an sich zu drücken oder etwas schneller zuzugreifen, könnte sich das Blatt wieder wenden ...

Bei anderen Spinnenarten, so *Argiope aurantia*, kopulieren die Männchen nur dann mit einem Weibchen, wenn es sich gerade häutet. Denn in diesem Zustand sind die Weibchen weniger gefährlich. Dennoch dauert die Kopula bei dieser Art nur wenige Sekunden. Danach verlässt der Freier schnell die Gefahrenzone.

Vom Vorteil des Gefressenwerdens: Dass es aus evolutionärer Sicht durchaus vorteilhaft für Männchen sein kann, sich fressen zu lassen, zeigt die Dunkle Fangspinne *(Dolomedes tenebrosus)*. Weibchen, die ihren Partner fressen, legen mehr und größere Eier, aus denen widerstandfähigere Nachkommen schlüpfen als solche, die nicht so kannibalistisch veranlagt sind. Erhalten die Weibchen im Labor stattdessen eine gleich große Heuschrecke, so lassen sie sich diese munden, doch die Vorteile für die Nachkommen bleiben aus. Interessanterweise geht es in diesem Fall beim sexuellen Kannibalismus im Gegensatz zu Gottesanbeterinnen nicht um den Nährwert des Kurzzeit-Gatten. Es muss mehr dahinterstecken – was das ist (eine besondere Substanz?), wissen wir bislang nicht.

Zu einem sexuellen Konflikt kommt es immer dann, wenn Männchen und Weibchen ihren Fortpflanzungserfolg auf eine Weise maximieren, die dem anderen Geschlecht schadet, während es dem eigenen nützt. Sexueller Kannibalismus fügt sicherlich einem der Geschlechter (gewöhnlich dem männlichen) Schaden zu, dennoch kann es sich für das Männchen lohnen, diesen Handel einzugehen, wenn es damit seine Fitness steigert. Man kann Selbstaufopferung und sexuellen Kannibalismus daher als Teil eines Spektrums sehen, zu dem die Übergabe von Brautgeschenken gehört – ein besonders unter Spinnen übliches Verhalten, bei dem das Männchen dem Weibchen Beute (Käfer, Fliege) als »Beitrag« zu den Fortpflanzungskosten anbietet[72].

List und Gegenlist: Während das Weibchen das Geschenk aussaugt, kann sich das Männchen relativ sicher mit ihm paaren, vor allem, wenn die Gabe verpackt ist. So senkt ein hübsch in Seide eingewickeltes Brautgeschenk, wie es männliche Listspinnen *(Pisaurus mirabilis)* tunlichst dabeihaben sollten, die Zahl der vor dem Akt kannibalisierten Männchen beträchtlich und gibt dem Männchen mehr Zeit zum Spermienübertragen. Dieses Einwickeln öffnet auch die Möglichkeit zum Betrug – schließlich lässt sich sogar eine bereits leer gesogene Fliege nett verpacken; das spart dem Männchen die energetischen Kosten für ein Brautgeschenk. Aber die Weibchen schummeln ebenfalls gelegentlich und nehmen zwar das Brautgeschenk entgegen, machen sich aber dann ohne Gegenleistung davon ... Kampf der Geschlechter *in the making*.

Warum gibt es sexuellen Kannibalismus nur bei Wirbellosen?

Sexueller Kannibalismus ist bei Spinnen besonders häufig, denn sie erfüllen zwei entscheidende Voraussetzungen dafür: Zum einen sind alle Spinnen räuberisch und damit Fleischfresser, zum anderen herrscht bei ihnen im Allgemeinen ein starker Geschlechtsdimorphismus. Die Weibchen sind um ein Vielfaches größer und schwerer als die Männchen und ihnen damit körperlich überlegen. Bei Säugern und Vögeln ist die Sache in der Regel umgekehrt; die Männchen sind physisch überlegen, und das Weibchen nach der Paarung aufzufressen, bringt ganz offenkundig nichts ... also kein sexueller Kannibalismus. (Andere Formen des Kannibalismus sind hingegen unter Säugern durchaus verbreitet, man denke nur an Löwenmännchen, die bei der Übernahme des Harems die Nachkommen ihrer Vorgänger töten und unter Umständen auch vertilgen.)
Routinemäßiger Kannibalismus kommt auch bei Knorpelfischen vor, allerdings sind es da nicht die Geschlechtspartner, sondern die Geschwister, die dran glauben müssen, und zwar noch vor der Geburt. Sandtigerhaie sind lebendgebärend, im Körper des Weibchens entwickelt sich in zwei Gebärmuttersäcken jeweils rund ein halbes Dutzend Embryonen; nach einem Jahr schlüpfen in der Regel jedoch nur zwei Tiere. Denn ist der Nahrungsvorrat im Dottersack verbraucht, so machen sich die ältesten und am besten bezahnten Embryonen über ihre noch weniger entwickelten Geschwister her und verspeisen sie *in utero – intrauterinen Kannibalismus* nennt man diese ungewöhnliche Art vorgeburtlicher Ernährung daher treffend.

Von den Kosten der Mutterrolle

Dass sich zwei Geschlechter um die Kosten der Nachwuchsproduktion streiten, erscheint einleuchtend. Dass aber auch Zwitter, die ja Männchen und Weibchen zugleich sind, erbittert darum streiten, welche Rolle sie bei der Kopulation einnehmen, macht deutlich, um wie viel energetisch teurer und damit evolutionsbiologisch unbeliebter die Mutterrolle ist.

Zwittrige Penisfechter: Bloß nicht Mutter werden!

Alle Plattwürmer sind simultane Zwitter oder Hermaphroditen (nach den griechischen Gottheiten Hermes und Aphrodite) und besitzen zur selben Zeit voll funktionsfähige männliche und weibliche Geschlechtsorgane. Das bringt es mit sich, dass alle Plattwürmer sowohl Spermien abgeben als auch empfangen, also den männlichen oder aber den weiblichen Part bei der Paarung übernehmen können.

Man sollte meinen, dabei kämen dann beide Partner auf ihre Kosten. Es gibt jedoch eine ganze Reihe großer mariner Plattwürmer, zum Beispiel die Vertreter der Gattung *Pseudoceros*, die wie der Teufel darum kämpfen, nur die männliche, aber nicht die weibliche Rolle zu übernehmen. Für dieses Privileg ziehen sie blank und schlagen sich buchstäblich bis aufs Blut: Die Rollenverteilung wird im Prinzip durch Penisfechten ausgemacht.

En garde! – **Ein Duell, das unter die Haut geht:** Sobald sich zwei paarungsbereite *Pseudoceros*-Zwitter gefunden haben, gleiten sie mit wellenförmigen Schwimmbewegungen aufeinander zu und berühren sich. Dann richten sie ihren Vorderkörper auf und fahren auf der Bauchseite ihren harten, wie eine Spritze geformten Penis aus. Beide Duellanten versuchen nun, die Haut ihres Gegners mit ihrem Penis an einer beliebigen Stelle zu durchstoßen und ihrem Gegenüber ein Spermienbündel zu injizieren (Penisfechten). Diese Art der Paarung nennt man intradermale hypodermische Besamung (ja, Zoo-

Dieser marine, elegant gezeichnete, ca. sechs Zentimeter lange Plattwurm *Pseudocerus liparus*, Synonym *P. bifurcus* lebt in indonesischen und philippinischen Gewässern und ist ein Penisfechter. (Foto: Stephen Childs, Wikimedia Commons)

logen *lieben* ihre Fachsprache), aber es ist im Grunde nichts anderes als die traumatische Besamung, die wir schon von den Bettwanzen (siehe Seite 153) her kennen.

Beim Penisfechten versuchen beide Kämpfer, möglichst viele Treffer zu landen und möglichst wenige einzustecken. Das geht so lange, bis einer der Kombattanten aufgibt oder die Spermienvorräte erschöpft sind, und dauert in der Regel zwischen zehn Minuten und einer halben Stunde. Dann fahren die Fechter ihre Penisse wieder ein und trennen sich, während die injizierten Fremdspermien ins Ovar des zwittrigen Empfängers wandern und dessen Eier befruchten, aus denen innerhalb von wenigen Tagen Nachwuchs in Form von Larven schlüpft.

Zwitter: Rollenkonflikt innerhalb eines Individuums: Warum kämpfen zwittrige *Pseudoceros*-Plattwürmer darum, Vater zu werden, aber möglichst nicht Mutter? Das hat wie bei getrenntgeschlechtlichen Arten vermutlich energetische Gründe. Samen sind billig in der Herstellung, Eizellen vergleichsweise teuer, eine Ejakulation einfach, eine Schwangerschaft beschwerlich; dazu kommt bei einigen Arten noch eine kostenintensive Brutpflege. Männchen haben daher ein evolutionsbiologisches Interesse, sich möglichst häufig zu paaren, um Vater zu werden und ihre Gene weiterzugeben. Weibchen achten hingegen darauf, von wem sie ihre kostbaren Eier befruchten lassen; daher sind sie in der Regel die Triebkraft der sexuellen Evolution (Bateman-Prinzip). Dieser Konflikt, der sich bei getrenntgeschlechtlichen Arten *zwischen* Individuen unterschiedlichen Geschlechts abspielt, verdichtet sich bei Zwittern auf entgegengesetzte sexuelle Interessen *innerhalb* eines Individuums.

Plattwürmer wie *Pseudoceros furcus* suchen diesen eigentlich unlösbaren Konflikt durch geschickte Kampftechnik beim Penisfechten zu lösen. Sie versuchen, besser zuzustechen und auszuweichen als das Gegenüber und mehr Spermien zu injizieren, als zu empfangen, um den »männlichen« Paarungsanteil zu erhöhen und die »weiblichen« Paarungskosten möglichst klein zu halten. Geschicktes Fechten scheint zu funktionieren: In Laborversuchen stellte sich heraus, dass derjenige Fechter, der die ersten Treffer setzt, mehr Eier besamt und weniger Wunden davonträgt als sein Gegner – evolutionär ein klarer Vorteil.

Rollentausch im Riff: schwangere Seepferdmännchen

Die hohen Energiekosten, die Seepferdweibchen bei der Produktion ihrer Eier aufbringen müssen, haben bei diesen Fischen zu einem Rollentausch geführt, der einmalig im Tierreich ist: Hier tragen die Männchen den Nachwuchs aus und zeigen, dass Schwangerschaft keine Sache des Geschlechts, sondern der Hormone ist.

Seepferdchen sind etwas Besonderes, das fällt sofort auf. Wie typische Knochenfische sehen sie jedenfalls nicht aus. Ihr Kopf erinnert an den eines Pferdes und sitzt – für einen Fisch höchst ungewöhnlich – auf einem frei beweglichen Hals; sie schwimmen aufrecht und haben statt einer Schwanzflosse einen Greifschwanz, mit

Schwangeres männliches Langschnäuziges Seepferdchen (*Hippocampus guttulatus*). Diese im Mittelmeer vorkommende Art wird ca. 15 Zentimeter lang und ernährt sich von kleinen Krebstieren, die sie durch eine röhrenförmige Schnauze einsaugt. Weitere Seepferdchenarten leben in tropischen Korallenriffen (Bruttasche geöffnet).

(Zeichnung: Monika Niehaus)

dem sie sich gut getarnt an Seegras oder einem Korallenast festhalten können. Zudem haben sie keine Schuppen, wie es sich eigentlich für einen Fisch gehört, sondern tragen einen Panzer aus Knochenplatten. Und sie gebären lebende Junge (Viviparie).

Seepferdchen (und die nah verwandten Seenadeln) sehen aber nicht nur anders aus als typische Knochenfische, sondern haben auch eine ganz besondere Art der Fortpflanzung entwickelt, die auf einem Rollentausch basiert: Bei *Hippocampus* & Co. trägt der Vater den Nachwuchs aus – diese Form der väterlichen Fürsorge ist einmalig im ganzen Tierreich.

Wasserballett im Seegrasbett: Vor der Paarung kommt es zu einer ausgedehnten, oft mehrtägigen Balz, bei der beide Partner die Farbe wechseln, in der Wassersäule auf und nieder steigen, ihre Schwänze ineinander verschlingen oder am selben Seegrashalm Pirouetten drehen. Dabei pumpt das Männchen Wasser in seine Bruttasche (siehe Abbildung), sodass sie sich einen Moment lang öffnet, um seiner Tanzpartnerin zu zeigen, dass die Tasche tatsächlich leer ist und sie sich sicher sein kann, dass die ganze Fürsorge ihres Partners den eigenen Eiern zugutekommt.

Bei der eigentlichen Paarung überträgt das Weibchen in der Regel 100 bis 200 relativ große, mit reichlich Dotter ausgestattete Eier mithilfe eines röhrenförmigen Begattungsorgans in die Bruttasche des Partners. Dieser weibliche »Penis« wird als Ovipositor bezeichnet. Und während die Mutter im Lauf der Paarung immer schlanker wird, rundet sich der väterliche Bauch sichtlich. In der Bruttasche werden die Eizellen anschließend von seinen Spermien befruchtet.

Männchen mit Pseudoplacenta: Nun beginnt die Schwangerschaft, die für das Männchen eine energetisch kostspielige Zeit ist. Da Seepferdchenpaare monogam sind – zumindest eine Brutsaison lang, möglicherweise auch länger –, erhält es währenddessen jeden Morgen Besuch von seiner Partnerin. Die beiden wechseln die Farbe, tanzen ein wenig und halten Schwänzchen, bis sie sich wieder davonmacht.

Die befruchteten Eizellen nisten sich in die Wand der Bruttasche ein und werden von einem schwammartigen Gewebe eingehüllt. Dabei sorgt Prolactin – das Hormon, das bei trächtigen Säugerweibchen das Drüsenwachstum in der Brust und den Milchfluss anregt – für das Gewebewachstum und die Abscheidung von Nährsekreten. Die ganze Schwangerschaft hindurch stehen die sich entwickelnden Embryonen in enger Verbindung mit dem Kreislaufsystem des Vaters und baden in einer Flüssigkeit, die ihnen Nährstoffe und Sauerstoff liefert und den Abtransport von Abfallstoffen regelt: Die funktionelle Ähnlichkeit der Bruttasche von *Hippocampus*-Männchen (»Pseudoplacenta«) mit der Placenta von Säugerweibchen ist wirklich verblüffend. Und wie es sich gehört, wird diese Pseudoplacenta nach erfolgter Geburt ausgestoßen (Nachgeburt).

Dabei verändert sich die Zusammensetzung der Flüssigkeit, in der die Seepferdchen-Embryonen baden, im Lauf der Schwangerschaft und nähert sich derjenigen des umgebenden Meerwassers an, in das die Neugeborenen entlassen werden; das lindert den Stress bei der Geburt. Die Schwangerschaft von Seepferdchen dauert je nach Art und Wassertemperatur zwei bis drei Wochen. Wenn die jungen Seepferdchen geburtsreif sind, beginnt sich die Bruttasche der Männchen rhythmisch zu kontrahieren (bei diesen »Wehen« spielt Östrogen eine Rolle), und der Vater pumpt im Lauf mehrerer Stunden seine Nachkommen, die wie Miniaturausgaben ihrer Eltern aussehen, aus seiner stark angeschwollenen Bruttasche. Dann sind die Jungen auf sich gestellt, die väterliche Fürsorge hat ein Ende. Nur rund ein halbes Prozent der Neugeborenen erreicht das Erwachsenenalter – das mag wenig erscheinen, ist aber wegen der geschützten Umgebung beim Heranreifen im Vergleich zu vielen anderen Fischarten dennoch eine recht hohe Überlebensrate.

Anschließend beginnt das ganze Spiel sofort wieder von vorne, denn männliche Seepferdchen können in der Brutsaison jederzeit schwanger werden. Nachdem das Männchen die Jungen – meist nachts – geboren und seine Bruttasche geleert hat, kann es schon wenige Stunden später beim nächsten Tête-à-Tête mit seiner Partnerin zu einer erneuten Paarung kommen, und das morgendliche Begrüßungsritual wird zum Balztanz.

Innere oder äußere Befruchtung? Da die Eizellen nach dem Schließen der Bruttasche, also eindeutig im Körperinneren des Männchens, befruchtet werden, kann man mit Fug und Recht von einer inneren Befruchtung sprechen. Allerdings erfolgt sie in einem externen Medium, das bei der Eierübergabe in die Bruttasche gedrungen ist – im Meerwasser, wie es wiederum für eine äußere Befruchtung typisch ist. Also eine Mischung zwischen innerer und äußerer Befruchtung – bei Seepferdchen ist eben alles etwas anders. Durch die Form der Eiübergabe und der Befruchtung ist eine Spermienkonkurrenz übrigens ausgeschlossen. Kein Rivale hat die Chance, seine Spermien in die Bruttasche eines anderen Männchens zu schmuggeln und die Eier von dessen Partnerin zu befruchten.

Aber wie kommen die Spermien eigentlich dorthin? Das Problem ist, dass die Bruttasche nur während der Eiübergabe des Weibchens sehr kurz – weniger als zehn Sekunden lang – geöffnet ist und dann bis zur Geburt verschlossen bleibt. Beide Samenleiter, durch die die Spermien aus den Hoden befördert werden, haben keinen direkten Zugang zur Bruttasche, sondern öffnen sich rund fünf Millimeter über der Öffnung der Bruttasche nach außen. Wie gelangen die Spermien also in der kurzen Zeit, in der die Bruttasche offen ist, in genügend großer Zahl zu den Eizellen?

Eine Abgabe ins freie Wasser würde wegen des kleinen Zeitfensters nicht funktionieren; zudem sind die Männchen außerordentlich geizig, was ihre Spermien angeht. Während bei einer äußeren Befruchtung bei anderen Knochenfischen häufig zwischen 100000 und einer Million Spermien pro Eizelle gebildet werden (zum Beispiel Karpfen), sind es beim Seepferdchen *(Hippocampus kuda)* gerade einmal fünf pro Eizelle! Das ist wohl das niedrigste Eizellen-Spermien-Verhältnis unter allen Wirbeltieren – die Seepferdchenmänner scheinen sich sehr sicher zu sein, dass ihre Spermien zu den Eiern gelangen (auch Haremsbesitzer wie Gorillas, die keine Spermienkonkurrenz zu fürchten haben, produzieren vergleichsweise wenige Spermien, siehe Seite 118). Vermutet wird daher, dass das Weibchen bei der Spermaübertragung aktiv Hilfestellung leistet, vielleicht die Spermien des Partners mit dem Ovipositor aufsaugt wie ein Staubsauger und samt der Eizellen in die Bruttasche befördert – genau gesehen hat das leider noch niemand.

Schwangere Männchen und das Bateman-Prinzip: Nach dem Bateman-Prinzip (siehe Glossar) konkurriert dasjenige Geschlecht, das weniger in die Fortpflanzung investiert, mit seinen Geschlechtsgenossen um den Zugang zum anderen Geschlecht. Wenn die *Hippocampus*-Männchen die Last der Schwangerschaft tragen, sollten es dann nicht die Weibchen sein, die um die Ressource Männchen konkurrieren, wie es auch bei verschiedenen Vogelgruppen (Blatthühnchen, Wassertretern) der Fall ist, wo sich die Männchen um die Brut kümmern? Das klingt vernünftig, doch Beobachtungen zufolge zeigen sich die Weibchen recht wählerisch, wem sie ihre Eier anvertrauen, während die Männchen nach typischer Machomanier per Schwanzdrücken und Kopfstoßen um die Weibchen kämpfen – und damit um das Privileg, schwanger zu werden.

Das hat einen guten Grund. Wie sich beim Zwergseepferdchen, *Hippocampus zosterae*, herausstellte, sind es nämlich die Weibchen, die die höheren energetischen Kosten bei der Fortpflanzung tragen: Ihr Gelege macht jedes Mal rund ein Drittel ihres Körpergewichts aus, und die Männchen müssen, obwohl sie das Austragen der Eier übernehmen, nur halb so viel Energie in die Nachkommen investieren wie die Weibchen. Der Vorteil dieser ungewöhnlichen »Arbeitsteilung« ist, dass ein monogames Paar fast 20 Prozent mehr Nachkommen in einer Brutsaison erzeugen kann als bei den üblichen Geschlechterrollen, denn so lässt sich der Abstand zwischen den Gelegen und damit den Paarungen verringern. Und da die Männchen energetisch noch immer im Vorteil sind, ist es evolutionär auch durchaus verständlich, dass sie sich um die Weibchen streiten.

Erstaunliche hormonelle Plastizität: Das ständige hormonelle Auf und Ab, das männliche Seepferdchen durchmachen, ist wirklich atemberaubend: Nach einer Geburt steigt bei ihnen der Spiegel männlicher Geschlechtshormone (Androgene) stark an, sie bilden Spermien und verhalten sich wie typische Machos, werben um Weibchen (Balz) und rangeln mit männlichen Mitbewerbern. Kommt es dann zur Paarung, sinkt der Androgenspiegel rapide, und in den rund zwei bis drei Wochen ihrer Schwangerschaft steigt der Spiegel des schwangerschaftserhaltenden Hormons Progesteron deutlich an, um erst kurz vor der Geburt wieder zu sinken. Wenn es darum geht, eine Schwangerschaft aufrechtzuerhalten, bedarf es

Progesterons, ganz egal, ob bei Vater oder Mutter. *Hippocampus*-Männchen wechseln jedenfalls in Wochenabständen zwischen balzendem Machogehabe und fürsorglicher Mutterrolle.

Das erfordert eine hohe Plastizität des Hormonsystems und der Genetik, auf der es basiert. Viele Gene, die in der *Hippocampus*-Bruttasche aktiv sind, sind Genen homolog, die in der Gebärmutter von weiblichen Säugern aktiv sind. Bei einer Schwangerschaft kommt es also nicht immer auf das biologische Geschlecht, sondern auf die synthetisierten Hormone an.

Für Weibchen quer durchs Tierreich ein Problem – männliche Gewalt

Teure Brautgeschenke oder gar die Übernahme einer Schwangerschaft – kein Wunder, dass die Männchen sich solche Investitionen gern sparen und direkt zur Sache kommen würden, um ihre Fortpflanzungskosten möglichst gering zu halten. Solche »Kosten/Nutzen-Strategien« werden von der natürlichen Selektion gefördert. Die billigste Art für ein Männchen, an Sex zu kommen, ist häufig Gewalt, ob gegen Weibchen (Vergewaltigungen) oder deren Nachwuchs (Infantizid).

Wie schon erwähnt (siehe Seite 76), sind Vergewaltigungen im Tierreich keine Seltenheit. Und nicht nur einzelne Männchen zwingen Weibchen mit Gewalt zum Sex – manchmal sind ganze Männergangs unterwegs, gegen die ein Weibchen kaum etwas ausrichten kann. Zwar ziehen Soziologen statt »Vergewaltigung« *(rape)* bei nichtmenschlichen Tieren den Ausdruck »erzwungene Paarung« *(forced copulation)* vor, doch das ändert nichts an der brutalen Tatsache, dass das Weibchen dabei immer den Kürzeren zieht und unter Umständen sogar umkommt.

Wenn Liebe und Tod nahe beieinanderliegen: Erdkröten

Die Erdkröte *(Bufo bufo)* gehört zu unseren häufigsten Amphibien. Jeder kennt wohl die Krötenwanderungen im Frühjahr, bei denen die Tiere nach der Überwinterung oft in großen Massen meist im

Mehrere Erdkrötenmännchen bilden einen Paarungsball um ein Weibchen, das fast unter ihnen verschwindet. (Foto: Dariusz Kowalczyk, Wikimedia Commons)

März die Gewässer aufsuchen, in denen sie geschlüpft sind. Diese Wanderungen sind gefährlich, zahlreiche Tiere können dabei dem Straßenverkehr zum Opfer fallen. Aber auch die eigentliche Paarung ist für die Krötenweibchen nicht ohne Risiken.

Am Laichgewässer herrscht in der Regel ein beträchtlicher Männerüberschuss, die Konkurrenz um Weibchen ist daher groß. Sobald ein Männchen auf ein paarungsbereites Weibchen trifft, sucht es dessen Rücken zu besteigen und seine Partnerin (oder das, was es dafür hält) unter den Achseln zu umklammern (Klammerreflex). Dabei reagieren die Männchen so reflexartig, dass sie nicht nur auf anderen Krötenmännchen aufreiten, sondern auch auf Fische oder Feuersalamander – bei Erdkrötenmännchen macht Liebe offenbar tatsächlich blind. Da in den Laichgewässern meist nur Erdkröten leben, ist ein derart unspezifischer Auslösemechanismus jedoch meist erfolgreich. Wird in dem ganzen Durcheinander ein anderes Männchen ergriffen, so stößt es einen »Befreiungsruf« aus und wird im Allgemeinen freigelassen. Die Krötenweibchen bleiben – wie auch Fische und Salamander – stumm und werden nicht mehr losgelassen.

Gelingt es dem Männchen dank seinem Klammerreflex, sich eine Partnerin zu sichern, reitet es fortan auf dem größeren Weibchen Huckepack bis zum Ablaichen, bei dem das Weibchen im Wasser lange Laichschnüre von sich gibt, die vom Männchen besamt werden. Dieser intime Akt verläuft jedoch oft nicht ungestört, da sich unter Umständen zahlreiche Männchen auf das Weibchen stürzen und nicht mehr von ihm ablassen. Manchmal sind es so viele, dass sie das Weibchen so lange unter Wasser drücken, bis es ertrinkt – die Zeugung neuen Lebens und der Tod liegen bei Erdkröten manchmal eng beieinander.

Auch noch interessant ...
Während sich Erdkröten nach dem Ablaichen nicht mehr um ihre Nachkommen kümmern, betreiben andere Amphibien Brutpflege. Bei der heimischen Geburtshelferkröte (*Alytes obstetricans*) übernehmen die Männchen die Laichschnüre von den Weibchen und schlingen sie um ihre Beine. Wenn sich die Larven im Laich zu bewegen beginnen, wandern die Männchen zu einem Laichgewässer, in dem die geschlüpften Kaulquappen alleine heranwachsen. Werden die Männchen knapp, weil die Weibchen alle paar Wochen laichen, die meisten Männchen aber noch mit Brutpflege beschäftigt sind, können die Weibchen rabiat werden, kopulierende Paare stören und einem anderen Weibchen das Männchen wegnehmen. Bei tropischen Baumsteigerfröschen (*Dendrobates auratus*) werden die Eier auf Blättern abgelegt und vom Vater bewacht. Sobald die Kaulquappen rege werden, sammelt das Männchen sie ein und transportiert sie auf seinem Rücken zum nächsten Tümpel. Der chilenische Nasenfrosch (*Rhinoderma darwini*) transportiert die Brut hingegen in seinem Kehlsack zur nächsten Wasserstelle.

Vom aufmerksamen Galan zum brutale Rüpel: Entenerpel

Auch bei Vögeln sind erzwungene Paarungen regelmäßig zu beobachten, besonders bei vielen Entenarten. Enten wie Stockenten (Anas platyrhynchos) leben meist sozial in Gruppen zusammen; ihre Fortpflanzung ist zeitlich begrenzt und Paarungen finden nur innerhalb eines kurzen Zeitraums statt.

Während die Erpel meist auffällig gefärbt sind, tragen die Weibchen ganzjährig ein so genanntes Schlichtkleid, das während des Brütens zur Tarnung vor Feinden dient. Ihr Prachtkleid für die Brutzeit entwickeln die Erpel bereits im Herbst und Winter. Obwohl sie in dieser Zeit intensiv in der Gruppe balzen, sind ihre Hoden noch nicht entwickelt, doch die Entenweibchen beobachten die Erpel aufmerksam und halten vermutlich schon nach einem besonders attraktiven Partner Ausschau.

Wenige Wochen vor Brutbeginn reifen bei beiden Geschlechtern die Geschlechtsorgane aus, und sie kommen in Paarungsstimmung. Das Entenweibchen sucht einen geeigneten Brutplatz und paart sich dort mit dem ausgesuchten Partner. Vor und während der Eiablage (einem Zeitraum von rund zehn Tagen) lebt das Paar weitgehend monogam und kopuliert häufig. In dieser Phase verteidigt der Erpel sein Weibchen gegenüber anderen Erpeln. Ist das Gelege vollständig, beginnt das Entenweibchen mit dem Brüten und hat jetzt kein Interesse mehr an Sex. Der Erpel verlässt den Brutplatz, wo das Weibchen die Brut allein aufzieht.

Ab nun leben die Entenerpel promisk und versammeln sich in größeren Trupps. Wenn dann ein Entenweibchen vorbeischwimmt, wird es verfolgt und schnell zum Sex gezwungen, nicht nur von einem Erpel, sondern unter Umständen von der ganzen Gang – also eine Art Gruppenvergewaltigung. Dabei kommt es vor, dass Entenweibchen so lange unter Wasser gedrückt werden, dass sie ertrinken.

Diese Entwicklung geht eindeutig zulasten der Weibchen, obwohl sich im Lauf ihrer Evolution durchaus Gegenmaßnahmen entwi-

Stockenten bei der Paarung; oben das Männchen, unten das Weibchen.
1: Hoden, 2: Penis, 3: Eierstock, 4: Schalendrüse, 5: Vagina.
(Grafik: Bellyp, Wikimedia Commons)

ckelt haben. Neben den Straußenvögeln gehören Enten zu den wenigen Vogelarten mit einem langen Penis. Bei der Paarung füllt er sich in Sekundenschnelle mit Lymphe, stülpt sich aus der Kloake des Männchens und dringt in die spiralige Vagina des Weibchens ein. Dazu muss der Entenpenis ebenfalls spiralig gewunden sein, damit bei der Kopula mit einem paarungsbereiten Weibchen Penis und Vagina wie Schlüssel und Schloss zusammenpassen. Darüber hinaus haben Entenweibchen nicht nur eine einzige, zentrale Vagina, wie unter Vögeln üblich, sondern bis zu drei blind endende Ausstülpungen (Pseudovaginen) – bei einer Vergewaltigung kann ein Penis zwar in die Vagina eindringen, wird aber in solche Sackgassen abgelenkt.

Beides, spiralige Vagina und Pseudovaginen, sollten die Erpel eigentlich zur Kooperation zwingen und die Weibchen vor Vergewaltigungen schützen, das tun sie aber ganz offensichtlich nicht ausreichend – dass man nur bei einer einvernehmlichen Paarung zum Zuge kommt, haben die Rüpel anscheinend noch nicht begriffen.

Vogelmännchen: modern ist ohne Penis

Entenvögel, Laufvögel und Steißhühner haben ihn, die meisten »modernen« Vogelgruppen (Neoaves) nicht. Irgendwann vor rund 65 Millionen Jahren ist der Penis aus der Mode gekommen. Möglicherweise ist dieser Verlust eine Folge der Weibchenwahl, einer Bevorzugung von Männchen mit weniger »Gedöns« als evolutionäre Gegenstrategie gegen erzwungenen Sex; das könnte peu à peu zum Einschmelzen des *membrum genitale* geführt haben. Beim Aufeinanderpressen der Kloaken (»Kloakenkuss«), wie ihn die meisten Vogelarten heute praktizieren, hat das aufreitende Männchen keine Chance, sein Sperma zu übertragen, wenn »sie« nicht mitspielt.

Man stanze eine Öffnung in die Körperwand der Partnerin: Bettwanzen

Vergewaltigungen gibt es nicht nur unter Wirbeltieren. Bettwanzenmännchen haben im Lauf ihrer Evolution eine besonders rüde Methode entwickelt, um jedwede Abwehr der Weibchen auszuhebeln und ihnen jede Wahlmöglichkeit zu nehmen. Und die Weibchen haben nolens volens eine Gegenstrategie entwickelt, um den Schaden möglichst gering zu halten.

Seit mehr als 4000 Jahren teilen Bettwanzen *(Cimex lectularius)* unser Lager und saugen unser Blut, dennoch wussten wir über ihr Liebesleben bis vor Kurzem erstaunlich wenig. Dabei ist der Sex bei Cimiciden ebenso bizarr wie interessant, denn er zeigt ganz klar, dass sich die Interessen beider Geschlechter bei der Fortpflanzung krass unterscheiden können und um die Kosten erbittert gerungen wird. Bei den Bettwanzen haben bislang evolutionär die Männchen eindeutig den Saugrüssel vorn …

Bettwanzen sind rund fünf Millimeter lange flügellose Insekten, die hungrig so platt sind, dass sie sich in der kleinsten Ritze verstecken können, daher auch der Name »Tapetenflunder«. Diese Kosmopoliten haben sich eng an den Menschen angeschlossen, sind nachtaktiv (dann schlafen ihre Wirte) und können monatelang hungern. Finden sie ein geeignetes ruhendes Opfer, können sie durch die Blutaufnahme auf ein Vielfaches ihres Körpergewichts anschwellen und deutlich rundlicher werden. Werden sie gestört, geben sie ein süßliches Alarmpheromon ab – man kann starken Wanzenbefall daher riechen.

Wenn ein *Cimex*-Männchen auf einen rundlichen Artgenossen stößt, der also gerade eine Blutmahlzeit genossen hat, überfällt es das Objekt seiner Begierde ohne jeden Versuch zur Kommunikation und besteigt es. Stellt es anhand chemischer und taktiler Hinweise fest, dass es auf einem Männchen sitzt, war's das[73] (siehe aber unten). Handelt es sich hingegen um ein vollgesogenes Weibchen, tastet das Männchen dessen Unterseite ab und rammt ihm, statt die weibliche Geschlechtsöffnung zu benutzen, an einer bestimmten Stelle sein dolchspitzes Kopulationsorgan in den Leib. An dieser ein wenig erhabenen Stelle an der linken Bauchseite, Spermalege genannt, pumpt es dem Weibchen seine Spermien in den Leib. Von dort wandern diese zu den Eierstöcken, wo die Befruchtung stattfindet. Sofort nach der Ejakulation verlässt das Männchen das überfallene Weibchen und sucht sich ein neues Opfer.

Die Paarung bei Bettwanzen ist stets mit einer derartigen Vergewaltigung verbunden. Da das Weibchen dabei zwangsläufig verletzt wird, spricht man von einer traumatischen Besamung. Während bei weiblichen Tüpfelhyänen eine Vergewaltigung aufgrund der komplexen Genitalien unmöglich ist (siehe Seite 76), ist sie bei Bettwanzen die Regel, weil die Männchen einfach eine Abkürzung nehmen.

Warum diese brutale Methode der Paarung, wenn das Weibchen eine vollständig funktionsfähige Geschlechtsöffnung hat? Das

Statt die natürliche weibliche Geschlechtsöffnung zur Begattung zu benutzen, stanzt bei den Bettwanzen das deutlich kleinere Männchen (unten) einfach ein Loch in den Hinterleib seiner unwilligen Partnerin und deponiert sein Sperma in ihrer Leibeshöhle, von wo es seinen Weg zu den Ovarien findet (traumatische Besamung). Die weibliche Geschlechtsöffnung dient daher bei Bettwanzen – einzigartig im Tierreich – nicht der Kopulation, sondern ausschließlich der Eiablage.
(Foto: Rickard Ignell, Swedish University of Agricultural Sciences, Wikimedia Commons)

Männchen spart auf diese Weise Zeit und Energie: Es braucht keine aufwendige Werbung und keine Kooperation des Weibchens. Durch Umgehen des normalen Fortpflanzungswegs gewinnt das Männchen direkten Zugang zu den Eiern und nimmt dem Weibchen damit die Kontrolle über die Paarungshäufigkeit. So kann ein Männchen in kurzer Zeit zahlreiche Partnerinnen begatten, ohne sich um deren Einverständnis bemühen zu müssen. Das ist wichtig, denn der letzte »Täter« hat die größten Chancen, dass sein Sperma bei der Befruchtung zum Einsatz kommt – so erhöht er seine Fitness. Die Kosten dieser höchst unromantischen Fortpflanzungsmethode trägt allein das andere Geschlecht.

Aber weshalb spielen die Weibchen dieses unfaire Evolutionsspiel mit, statt die Männchen auf ihre natürliche Öffnung zu verweisen? Darüber kann man nur spekulieren, aber wahrscheinlich hatten sie einfach keine andere Chance: Stechen die Männchen nämlich wahllos zu, so sind, wie Laborversuche gezeigt haben, Todesfälle durch Verletzung des Darms recht wahrscheinlich. Weibchen, die eine bestimmte Stelle zur leichteren Penetration anboten, waren daher evolutionär im Vorteil. Damit wäre diese einzigartige Konstruktion der Bettwanzenweibchen eine Entwicklung zur Schadensbegrenzung im Geschlechterkampf.

Denn die Weibchen haben in diesem Spiel ziemlich schlechte Karten – einmal vollgesogen und damit so unbeweglich, dass sie ihre Spermalege (geschweige denn ihren ganzen Hinterleib) nicht in eine Ecke pressen und so schützen können, haben sie über ihre Paarungshäufigkeit keine Kontrolle. Und die ist deutlich höher, als es für ihren eigenen optimalen Fortpflanzungserfolg günstig wäre. Zudem müssen sie Energie zur Reparatur ihres durchstoßenen Panzers aufbringen, und mit dem Sperma gelangen auch pathogene Bakterien, Viren usw. in ihre Leibeshöhle, was die Lebenserwartung der Weibchen verkürzt. Bettwanzenweibchen stecken wirklich in der Zwickmühle: entweder hungern, um beweglich zu bleiben und Männchen von unerwünschten Paarungen abzuhalten, oder Blut saugen (was sie unter anderem für die Reifung ihrer Eier brauchen) und die Attacken erdulden. Weibchen, die regelmäßig Zugang zu Blut haben und »wissen«, was ihnen anschließend blüht, kurbeln daher sofort nach einer Mahlzeit ihr Immunsystem an, um Infektionen zu bekämpfen und den Schaden damit möglichst gering zu halten. Ein kleiner Trost, aber immerhin …

Evolution in the making

Bei Bettwanzen[74] kann man der Evolution wirklich bei der Arbeit zusehen: Männchen einer nahe verwandten Bettwanzenart *(Afrocimex constrictus)*, die auf afrikanischen Flughunden Blut saugt, können offenbar nicht so gut zwischen vollgesogenen weiblichen und männlichen Artgenossen unterscheiden wie *Cimex*-Männchen; sie versuchen sich mit beiden Geschlechtern zu paaren – männliche Wildfänge dieser Art sind jedenfalls von »Paarungsnarben« überzogen (intrasexuelle traumatische Intromission). Um die Kosten der traumatischen Insemination bei einer solchen Paarung zu senken und die Stiche ihrer Geschlechtsgenossen zu lenken, hat die Selektion bei den Männchen dieser afrikanischen Art offenbar dazu geführt, im Lauf ihrer Evolution ebenfalls eine Spermalege zu entwickeln.

Aber damit ist das Evolutionsspiel offenbar noch nicht zu Ende. Männchen werden etwas seltener bestiegen als Weibchen, und ihre Spermalege ist der weiblichen morphologisch zwar ähnlich, aber nicht gleich. Zumindest in *einer* Fledermaushöhle hat inzwischen ein Teil der Weibchen nachgezogen und Spermalegen vom männlichen Typ entwickelt – und diese Weibchen werden seltener von Männchen vergewaltigt als diejenigen mit ursprünglichen Spermalegen. Wer gern den Mund voll nimmt, spricht von einem auf Weibchen beschränkten genitalen Polymorphismus – ein ebenso bizarres wie komplexes Beispiel für Zug und Gegenzug im Kampf der Geschlechter.

Kindstötungen und Vielmännerei: Löwen versus Löwinnen
Neben Vergewaltigungen, die den Weibchen keine Wahl lassen, sind es vor allem Kindstötungen, mit denen Männchen ihren Fortpflanzungserfolg auf Kosten der Weibchen erhöhen.

Löwen in Afrika: Paschas und ihr Harem: Löwen *(Panthera leo)* sind die einzigen Katzen, die in Rudeln leben. Wir alle kennen die beeindruckenden Aufnahmen von Löwenrudeln aus der afrikanischen Serengeti: bis zu einem Dutzend Weibchen mit ihren Jungen, geführt von einem oder oft mehreren imposanten Löwenmännchen, gut zu erkennen an ihrer prachtvollen Mähne. Die größeren und schwereren Männchen einer solchen Männerkoalition (manchmal eine Brudergang) verteidigen ihr Rudel gegen fremde Eindringlinge, sprich andere Löwenmännchen. Das hält sie so sehr auf Trab, dass sie das Jagen von Beutetieren – in der Serengeti vor allem Zebras und Gnus – den Löwinnen überlassen, nicht ohne nach dem Riss die größten Stücke, den »Löwenanteil«, zu beanspruchen. Und wenn eine der Löwinnen in Hitze kommt, hat der Pascha – beziehungsweise das Männerbündnis – das alleinige Paarungsrecht, das intensiv wahrgenommen wird. Die Löwenweibchen (wie viele andere Raubkatzen) entwickeln sich zu Nymphomaninnen und versuchen in wenigen Tagen möglichst häufig, das heißt mehrere hundert Mal am Tag, zu kopulieren. Da hat der Pascha viel zu tun, zumindest ist er gut bestückt. Wie bei vielen polygynen Arten haben Löwen vergleichsweise große Hoden und zeigen einen ausgeprägten Geschlechtsdimorphismus. Eine Paarbildung erfolgt nicht, auch wissen die Löwenmänner nicht, welche Junglöwen sie gezeugt haben.

Die Herrschaft eines Löwenmännchens dauert in der Regel nur wenige Jahre. Wenn ein fremdes Löwenmännchen den Pascha eines Rudels dann nach hartem Kampf vertreibt und dessen Harem übernimmt, dann bedeutet das meist auch nichts Gutes für die Nachkommen des alten Herrschers. Wie aus Freilandbeobachtungen in der Serengeti bekannt, versucht der neue Haremsbesitzer die Nachkommen seines Vorgängers zu töten, was ihm trotz mehr oder minder heftiger Gegenwehr der Mütter in den meisten Fällen gelingt. Durch den Stress im Rudel erleiden auch trächtige Löwinnen oft eine Fehlgeburt.

Welchen Sinn hat dieser Infantizid? Löwinnen, die nicht mehr trächtig sind beziehungsweise keine Jungtiere mehr säugen oder verpflegen müssen, werden schneller wieder empfängnisbereit, können vom neuen Pascha gedeckt werden und vergrößern damit dessen Fortpflanzungserfolg. Und er hat es eilig, denn in der Regel kann auch der neue Herrscher seinen Harem nur zwei bis drei Jahre

Links: Löwen-Paarung auf einer Straße des Krüger-Nationalparks.
Rechts: Es hat ihm offensichtlich Spaß gemacht. (Fotos: Michael Wink)

lang verteidigen, bis er von jüngeren und stärkeren Konkurrenten vertrieben wird.

Aus diesem Verhalten lässt sich zweierlei ablesen: Zum einen dient der Infantizid eindeutig nicht dem früher propagierten Arterhalt – es handelt sich um die Verschwendung guten Löwenfleischs –, sondern dem Genegoismus des betreffenden Männchens: weniger Löwennachwuchs insgesamt, aber mehr mit seinen eigenen Genen.

Dieser männliche Genegoismus geht zulasten der Löwinnen und mindert ihren Fortpflanzungserfolg beträchtlich. Die Mütter haben viel Energie und Zeit in Trächtigkeit, Säugen und Aufzucht ihrer Jungen gesteckt – dieses mütterliche (maternale) Investment ist nun verloren. Die Löwenmännchen erhöhen durch Infantizid ihre Nachkommenzahl auf Kosten des anderen Geschlechts. Bei diesem Interessenkonflikt ziehen die Weibchen eindeutig den Kürzeren. Und obwohl sie ihren Nachwuchs heftig verteidigen, geben sie klein bei, wenn das Männchen erfolgreich war, und paaren sich wenig später mit dem Aggressor; nur so können sie ihren Verlust ihres Fortpflanzungserfolgs in Grenzen halten.

Löwen in Asien: Vielmännerei: Dieses klassische Bild gilt jedoch offenbar nicht allgemein. Löwen kommen nicht nur in Afrika südlich der Sahara vor, sondern auch in Asien, im indischen Gir-Nationalpark. Und anders als die afrikanischen Löwinnen haben es die Weibchen der asiatischen Unterart *(Panthera leo persica)* geschafft, ihren Nachwuchs weitgehend vor männlicher Aggression zu schützen.

Im Unterschied zu afrikanischen Löwen leben die erwachsenen indischen Löwen in gleichgeschlechtlichen Rudeln, und Männchen und Weibchen kommen eigentlich nur zur Paarung zusammen. Löwinnenrudel beanspruchen jeweils eigene Reviere, während sich die größeren Streifgebiete mehrerer hierarchisch aufgebauter Löwenmännchen-Bündnisse mit denen verschiedener Weibchenrudel überlappen. Wie sich gezeigt hat, paaren sich die Löwinnen eines Rudels mit den Männchen verschiedener Koalitionen. Diese benachbarten Männerrudel sind einander feindlich gesinnt, verhalten sich aber gegenüber den Würfen der Löwinnen, die ihr Revier überlappt, nicht aggressiv – schließlich könnte es sich bei den Jungen ja um ihre eigenen Nachkommen handeln. Dieses promiske Verhalten der Gir-Löwinnen schützt die Jungen vor Infantizid, sichert das maternale Investment der Löwinnen und erhöht darüber hinaus noch die genetische Vielfalt ihrer Nachkommen. Zu Kindstötungen kommt es offenbar nur dann, wenn ein neues Männchen in das Territorium eines Löwinnenrudels eindringt, das sich seiner Nichtvaterschaft sicher sein kann.

Kindstötung und Paarungssystem

Ein Infantizid, um die eigenen Gene besser zu verbreiten, ergibt nur dann Sinn, wenn das neue Männchen sicher ist, dass der Nachwuchs nicht von ihm stammt (die Tötung eigener Nachkommen würde seine sexuelle Fitness verringern). Das gilt für Haremssysteme, wie bei Löwen und Gorillas, für promiske Arten wie Schimpansen, wo die Vaterschaft im Dunkeln bleibt, hingegen nicht – ein lockerer Lebenswandel hat eben auch seine positiven Seiten. Auch Monogamie bietet dem Männchen eine gewisse Sicherheit, Vater der Nachkommen zu sein, in die es investiert – selbst wenn es einen Seitensprung vermutet, kann es nicht ausschließen, dass der Nachwuchs sein eigener ist (das galt jedenfalls bei *Homo sapiens* bis zum Vaterschaftstest), und schützt auch Kuckuckskinder[75].

Dieses Kunststück gelang den asiatischen Löwinnen wohl nur deshalb, weil ihr Lebensraum und daher auch ihre Lebensweise völlig anders sind als bei einem typischen afrikanischen Löwenrudel mit seiner Haremsstruktur. Im Gegensatz zur offenen Savannenstruktur in Afrika ist der Gir-Nationalpark bewaldet und bietet Weibchen und ihren Jungen Deckungsmöglichkeiten. Zudem sind die Hauptbeutetiere (Axishirsche) das ganze Jahr hindurch relativ gleichmäßig verteilt und deutlich kleiner als diejenigen afrikanischer Löwen (Axishirsche ca. 45 Kilogramm, Zebras etwa 200 Kilogramm); große Beutetiere verschärfen die Nahrungskonkurrenz innerhalb einer Gruppe, was zu kleineren Rudeln führt. Und *last, but not least* sind die Beutetiere standorttreu – es gibt keine großen Zebra- und Gnu-Wanderungen wie in der Serengeti, denen die Raubtiere folgen, was keine ganzjährig festen Reviere erlaubt.

All das führte dazu, dass die Sozialstruktur der Löwenrudel im Gir-Nationalpark eine völlig andere ist als in der afrikanischen Savanne. Eine Monopolisierung der Weibchen durch ein einzelnes oder mehrere Löwenmännchen ist hier offenbar unmöglich, und so haben die indischen Löwinnen beim Kampf der Geschlechter die Nase vorn. Durch ihre Vielmännerei, die die Vaterschaft verschleiert, können sie Infantizid und damit männlichen Genegoismus auf ihre Kosten weitgehend verhindern – ein Beispiel für die hohe genetische Plastizität innerhalb einer Art, die unterschiedliche Ökosysteme bewohnt.

Sex bizarre

Wenn Sie bis hierher durchgehalten haben, glauben Sie vielleicht, nun könne Sie auf dem Gebiet tierischer Fortpflanzung nichts mehr überraschen. Wir hoffen, Sie eines Besseren zu belehren, und haben uns einige besonders ausgefallene Varianten tierischer Sexualität und ihrer Tücken für den Schluss aufgespart.

Kraken: Ein Penis geht auf Reisen

Man sollte meinen, dass ein Penis zur Fortpflanzung an den Körper seines Besitzers gehört – das klingt vernünftig, muss aber nicht so sein ...

Während die meisten marinen Wirbellosen bei der Fortpflanzung auf äußere Befruchtung setzen und die Besamung nach dem Zufallsprinzip erfolgt, haben andere, wie die Kopffüßer, im Lauf ihrer Evolution eine innere Befruchtung entwickelt, die sicherstellt, dass sich Eier und Spermien auch tatsächlich treffen.

Eine äußere Befruchtung ist völlig anonym per Fernbeziehung möglich, eine innere Befruchtung verlangt hingegen einen direkten Spermientransfer und damit zwangsläufig einen engen körperlichen Kontakt der Geschlechter. Die vielleicht skurrilste Art der sexuellen Kontaktaufnahme zeigen die Männchen des Großen Papierboots *(Argonauta argos)* – diese Kraken gehören wohl zu den »schüchternsten« Liebhabern überhaupt.

Wie alle Kraken sind Argonauten getrenntgeschlechtlich; überdies weisen sie einen extremen Geschlechtsdimorphismus auf: Das

Zwergmännchen ist nur etwa ein Zehntel so groß und mehrere Hundert Mal leichter als seine Partnerin. Trifft ein solches Männchen auf eine Argonautin, so begattet es sein Riesenweib nicht *in persona*, sondern löst seinen extrem langen, zum Fortpflanzungsorgan umgebildeten Arm (Hektokotylus) vom Körper. Dieser »Penisarm« transportiert sein Samenpaket (eine einzige Spermatophore) in die Mantelhöhle des Weibchens. Der Penisarm ist dabei allein auf sich gestellt; ob er die Distanz zwischen beiden Partnern freischwimmend zurücklegt oder erst bei Saugnapfkontakt mit der Schale des Weibchens aktiv wird, ist umstritten – niemand hat bislang eine Paarung bei Argonauten beobachtet. In der Mantelhöhle macht der Hektokotylus es sich jedenfalls gemütlich, bis die Eier heranreifen und anschließend dort befruchtet werden können (innere Befruchtung).

Das Männchen stirbt kurz nach der Paarung (paart sich also höchstens einmal im Leben und wird möglicherweise anschließend vom Weibchen verspeist), während die Weibchen offensichtlich polygam sind, was sich an der Zahl der »Penisarme« in ihrer Mantelhöhle ablesen lässt.

Diese »Penisarme« sind erstaunlich lange lebensfähig, haben Saugnäpfe, mit denen sie sich festheften und »gehen« können, und sind ganz allgemein äußerst mobil. Kein Wunder, dass sie bei ihrer Entdeckung zunächst für Würmer gehalten wurden, die die Mantelhöhle des Weibchens parasitieren. So taufte der große französische Zoologe Georges Cuvier diese vermeintlichen Parasiten im 19. Jahrhundert *Hectocotylus* (»hundert Saugnäpfe«) *argonautae*, und dieser Name für den »Penisarm« männlicher Kopffüßer ist geblieben.

Deep Throat

Deutlich weniger schüchtern ist übrigens eine entferntere Verwandte des Papierboots, *Sapha amicorum*, die zur Familie Philinoglossidae gehört, was so viel wie »zungenliebend« bedeutet. Ihren Penis trägt diese kleine zwittrige Meeresnacktschnecke nämlich im Schlund und beweist beim

Geschlechtsverkehr, dass man vom Küssen tatsächlich schwanger werden kann.

Spermiencocktail gefällig, meine Liebe?

Dass Mutter Natur über eine unerschöpfliche Fantasie verfügt, um Spermien und Eizellen zusammenzubringen, zeigt die Idee, Spermien als Longdrink anzubieten – darauf muss man erst einmal kommen.

Eine vielleicht noch seltsamere und wirklich einzigartige Methode, Nachwuchs zu zeugen, findet man bei einen kleinen südamerikanischen Panzerwels *(Corydoras aeneus)*: Das Männchen serviert seiner Partnerin sein Sperma als Cocktail. Während der Balz präsentiert es ihr seine Bauchseite, und sie schlürft die Spermien direkt von seiner Genitalöffnung. Die Spermien passieren dann ihren Darmtrakt und treten zusammen mit den Eizellen durch die Kloake in eine Tasche aus, die das Weibchen aus den Bauchflossen bildet. Dort werden die Eizellen in einem geschützten Raum mit frischem, unverdünntem Sperma gemischt, was eine sehr viel effizientere Befruchtung garantiert, als wenn Eier und Spermien einfach ins Wasser abgegeben würden. Wie die Spermien allerdings die Darmpassage unbeschadet überstehen, ist bislang ungeklärt.

Warum gerade auf diese verquere Art? Niemand weiß es, denn in der Evolutionsforschung kann man keine Experimente machen, um eine historische Entwicklung zu entschlüsseln, sondern nur voller Staunen feststellen, dass es offensichtlich funktioniert.

Von falschen Eiern und eingeschmuggelten Spermien: Maulbrüter

Es ist schon eine seltsame Idee, Eier im Maul auszubrüten. Noch seltsamer ist es, wenn ein Fischmännchen seiner Partnerin vorgaukeln muss, sie habe ihre Eier verloren, damit sie ihr Maul öffnet und seine Spermien aufnimmt.

Viele afrikanische Buntbarsche (Cichlidae) haben eine besondere Art der Brutpflege: Diese beliebten Aquarienfische sind Maulbrüter, die ihre Eier oder auch bereits geschlüpfte Jungfische zum Schutz vor Feinden ins Maul nehmen. Je nach Art wird diese Aufgabe manchmal von den Männchen übernommen, manchmal von den Weibchen (und selten auch von beiden). Das Problem ist, dass Cichliden eine äußere Befruchtung haben. Wenn die Weibchen die Maulbrüter-Rolle übernehmen, nehmen sie ihre Eier nach der Ablage sofort ins Maul, und das stellt das Männchen vor ein Problem – wie soll sein Sperma dorthin gelangen?

Die Männchen des Vielfarbigen Maulbrüters *(Haplochromis multicolor)* haben im Lauf ihrer Evolution einen Trick entwickelt, um die Besamung der Eier sicherzustellen. Ihre Afterflossen weisen Flecken auf, die den natürlichen Eiern – nun, eben wie ein Ei dem anderen – gleichen, und auf diesen Flossen platzieren die Männchen auch ihr Sperma. Wenn dann das Weibchen, angelockt von den Eiattrappen, diese vermeintlichen Eier einzusammeln versucht, nimmt es stattdessen das Sperma in sein Maul auf, wo dieses die Eier befruchten kann. (Die Männchen von *Tilapia macrochir* wenden den gleichen Trick an: Sie tragen Eiflecken an ihrer Genitalöffnung, und wenn die Weibchen versuchen, die Eiattrappen aufzunehmen, nehmen sie gleichzeitig die Spermatophoren der Männchen auf.) Diese Täuschung des Weibchens ist eines der seltenen Beispiele von innerartlicher Mimikry – und in diesem Fall dient sie beiden Geschlechtern, denn würden die Eier nicht befruchtet, ginge auch das Weibchen leer aus.

Wenn Weibchen aufreiten und Männchen penetriert werden: Staubläuse

Weibliche Tüpfelhyänen gehören zu den wenigen Weibchen, die aufgrund ihrer Anatomie nicht zum Sex gezwungen werden können – weibliche Staubläuse sind wohl die Einzigen, die aufgrund der ihrigen Männchen zum Sex zwingen können, so lange es ihnen passt.

Sollten Sie zufällig in einer brasilianischen Höhle auf ein Staublauspärchen der Gattung *Neotrogla* treffen, das insektenüblich *a tergo* kopuliert, dann können Sie sicher sein, dass das Weibchen oben sitzt. Wie erst 2010 entdeckt wurde, haben diese nur drei bis vier Millimeter großen Insekten offenbar ihre geschlechtstypische Ausrüstung vertauscht: Weibchen besitzen einen kräftigen Penis, Männchen hingegen eine Art Tasche, die wie eine Vagina funktioniert. Anders als der Pseudopenis weiblicher Tüpfelhyänen, der eher zum Imponieren dient, sieht der Penis der Staublausweibchen nicht nur wie ein Penis aus, sondern fungiert aus so. Ist das Weibchen auf dem oft eher unwilligen Männchen aufgeritten, führt es seinen erigierten Penis in dessen Vaginaltasche ein. Dort schwillt der Penis so stark an, dass er sich mit seinen Widerhaken in der Vagina des Männchens verankert und es auf Gedeih und Verderb an seine Partnerin gebunden ist – versucht man beide Tiere voneinander zu trennen, so reißt der Hinterleib des Männchens eher ab, als dass das Weibchen seinen »Griff« verliert. Wenn das Männchen schließlich ejakuliert, dann nicht in den Körper des Weibchens, sondern in seine Vaginaltasche. Erst durch einen peniseigenen Gang gelangt das Ejakulat zu einem raffinierten Speicherorgan (Spermatheca) im Körper des Weibchens, das ungewöhnlich viele Spermatophoren aufnehmen kann.

Dieser artspezifische Penis, den man nur bei Staublausweibchen der vier *Neotrogla*-Arten findet, ist einzigartig im ganzen Tierreich: Weibliche Seepferdchen übertragen mit ihrem Ovipositor Eier; weibliche Tüpfelhyänen ziehen ihren Pseudopenis zurück, damit das Männchen seinen Penis zur Kopulation einführen kann; bei Staublausweibchen dient der Penis jedoch nicht nur zur Penetration, sondern auch zum Spermatransfer – mehr kann man von einem Penis eigentlich nicht erwarten. Dennoch legen Zoologen Wert darauf, diesen Anhang biologisch korrekt als »Gynosom« zu bezeichnen (und damit alles seine Ordnung hat, wird die Vagina des Männchens als »Phallosom« bezeichnet).

It's the economy, stupid!
So herum geht's also auch, aber man fragt sich schon, was zur Evolution dieses ungewöhnlichen Arrangement geführt hat, zudem sich die »Vermännlichung« der Weibchen auch auf ihr Verhalten erstreckt: Sie sind es, die die Männchen zum Sex drängen (siehe unten).

Das könnte am Nahrungsmangel in den Höhlen liegen, in denen die *Neotrogla*-Arten leben. Dort ist Schmalhans Küchenmeister; die Staubläuse ernähren sich nur mühsam vorwiegend von Fledermauskot und -kadavern. Und da kommt der Sex ins Spiel, der in diesem Fall nicht nur zur Fortpflanzung oder zum Vergnügen dient, sondern auch einer Einladung zum Abendessen gleichkommt: Die großen Spermapakete (Spermatophoren), die das Männchen seiner Partnerin übergibt, stecken nämlich voller Nährstoffe. Je mehr davon sie sich sichern kann, desto besser.

Das könnte auch der Grund für die Vielmännerei der Weibchen und die lange Paarungsdauer sein: »Sie« kontrolliert den gesamten Paarungsvorgang, und es kann bis zu 70 Stunden dauern, bis sie ihren Partner »leer gemolken« hat und wieder freigibt. Dabei beobachteten Forscher, dass sich die Weibchen nach ihrer ersten Paarung erst einmal den Inhalt einiger Spermatophoren gönnten, bevor sie reife Eier produzierten.

Gewöhnlich konkurrieren die Männchen, die weniger in den Nachwuchs investieren (billige Spermien, keine Brutfürsorge) um die Weibchen. In diesem Fall ist es umgekehrt; die Weibchen wetteifern um die wählerischeren Männchen, die mit ihren kostbaren, energiereichen Spermatophoren hauszuhalten versuchen. Demnach hätte dieser Sexualkonflikt mit vertauschten Rollen zur Evolution dieser einzigartigen geschlechtsverkehrten Genitalstrukturen geführt. Und auch dazu, dass sich die Weibchen aggressiv möglichst viele Männchen zu Paarung suchen, denn je mehr Sex, desto mehr nahrhafte Brautgeschenke (siehe dort), die in einer kargen Umgebung das Überleben sichern können.

Wolbachia, das Herodesbakterium
Das Geschlechtsverhältnis ihrer Wirtsart[76] zu ihren Gunsten zu verändern, darin ist Wolbachia absolute Meisterin! Sie infiziert bevorzugt Insekten, darunter auch Schmetterlinge.

Schmetterlinge sind getrenntgeschlechtlich, und aus den befruchteten Eiern, die die Weibchen legen, schlüpfen in der Regel ebenso viele Söhne wie Töchter. Daher staunten die Forscher nicht schlecht, als sie bei den afrikanischen Tagfaltern *Acraea encodon* und *A. encedana* Populationen fanden, bei denen es neben Linien, deren Nachwuchs ein ausgewogenes Geschlechtsverhältnis hatte, auch solche gab, bei denen ausschließlich Weibchen schlüpften. Zuerst dachte man an Fehler bei der Reifeteilung der Eier, bis sich herausstellte, dass sich das schiefe Geschlechterverhältnis bei den Linien mit rein weiblichem Nachwuchs auf simple Weise »reparieren« ließ: Fütterte man die Raupen mit einem Antibiotikum, so erhöhte sich bei den erwachsenen Weibchen nicht nur die Schlupfrate des Geleges, sondern es schlüpften auch wieder Männchen – offenbar war ein Bakterium für die Schieflage des Geschlechterverhältnisses verantwortlich.

Das Bakterium *Wolbachia pipientis* ist ein wahrer Meister auf dem Gebiet der sexuellen Manipulation, es wird wegen seiner männermordenden Eigenschaft auch »Herodesbakterium« genannt. Und tatsächlich hat es bei den *Acraea*-Faltern »seine Finger im Spiel«. Da *Wolbachia* ein Endoparasit ist und nur per Eizellen, also im weiblichen Geschlecht, von Generation zu Generation weitergegeben werden und sich vermehren kann, sind Männchen aus Sicht des Parasiten unnütze Mitesser. So bringt das Herodesbakterium wie sein biblischer Namenspatron sämtlichen männlichen Nachwuchs in einem Gelege um. Das fördert den Fortpflanzungserfolg der Schwestern, die nun nicht nur weniger Nahrungskonkurrenten haben, sondern die Kadaver ihrer Brüder überdies als stärkenden Snack betrachten. Gleichzeitig erhöht es die Zahl von *Wolbachias* potenziellen Wirten und damit den Fortpflanzungserfolg des Bakteriums.

Wolbachia steht beim Kampf der Geschlechter aus Eigennutz also voll aufseiten der Weibchen. Das Bakterium könnte ihnen damit aber auf Dauer einen Bärendienst erweisen, denn eine hohe Infektionsrate von *Acraea*-Weibchen mit dem Herodesbakterium führt zu einem bedenklichen Männermangel – für eine getrenntgeschlechtliche Art eine durchaus bedrohliche Situation.

Während die Weibchen bei *Acraea*-Populationen mit »normalem« Geschlechtsverhältnis sittsam auf den Futterpflanzen der Raupen hockend auf Freier warten, die sich um sie balgen, haben *Acraea*-Weibchen in Populationen mit deutlichem Frauenüberschuss ihr Sexualverhalten auf spektakuläre Weise verändert. Um nicht als alte Jungfern zu sterben, tauschen sie ihre klassische Rolle als umworbene Schöne gegen den Part der aktiv suchenden Partnerin ein: Unbefruchtete Weibchen finden sich zu großen Schwärmen zusammen und buhlen wie verrückt um die wenigen verbliebenen Männchen – ein klassischer *Bal paradox*!

Ein gerade einmal einen Mikrometer (ein Tausendstelmillimeter) großes parasitisches Bakterium, das eine tiefgreifende Veränderung des sexuellen Verhaltens bei seinem Wirt provoziert, ist schon höchst extravagant! Nicht ausgeschlossen, dass diese Infektion letztlich zum Aussterben der *Acraea*-Falter führt. Aber auch nicht auszuschließen, dass sich rein eingeschlechtliche Linien entwickeln, die ganz auf Männchen verzichten können. Denn das ist den Herodesbakterium *Wolbachia* offenbar schon bei einer anderen Wirtsart, einer Schlupfwespe, gelungen!

Toxoplasma und die fatale Anziehungskraft von Katzenurin

Dass es einem Einzeller von weniger als einem Millimeter Länge gelingt, das Sexualverhalten seiner Wirte dramatisch zugunsten seiner Fortpflanzungschancen zu verändern, ist schon erstaunlich – und ein wenig unheimlich.

Toxoplasma gondii ist ein Verwandter des Malariaerregers (Sporozoa), der in den Zellen von Nagetieren wie Ratten und Mäusen parasitiert und sich in ihnen ungeschlechtlich durch Teilung vermehrt. Wenn eine Katze einen solch infizierten Kleinnager frisst, kann sich *Toxoplasma* in ihrem Darm geschlechtlich vermehren. Die Katze scheidet mit ihrem Kot anschließend widerstandsfähige Dauereier aus, die von Mäusen und Ratten aufgenommen werden. Wenn diese dann wiederum von einer Katze gefressen werden, beginnt das ganze Spiel von Neuem. Es handelt sich also um einen Generationswechsel zwischen einer ungeschlechtlichen Teilung mit einer hohen Vermehrungsrate und einer geschlechtlichen Fortpflanzung mit hoher genetischer Variabilität.

Die geschlechtliche Vermehrung funktioniert jedoch nur im Darm von Katzenartigen, von unseren Stubentigern bis zum Löwen. Entscheidend ist für den Parasiten daher, dass möglichst viele infizierte Zwischenwirte wie Ratten oder Mäuse tatsächlich in den Fängen von Katzen (Endwirt) landen. Um diesen Kontakt zu fördern, verändert der Parasit den Geruchssinn infizierter Ratten: Nicht infizierten Ratten ist die Furcht vor Katzenurin angeboren, sie meiden den Geruch wie der Teufel das Weihwasser, zeigt er doch die Präsenz ihrer Todfeinde an. Infizierte Rattenmännchen werden hingegen von diesem Duft magisch angezogen – Katzenurin erscheint ihnen geradezu als Aphrodisiakum. *Fatal attraction* tauften Forscher dieses bizarre Phänomen.

Aber *Toxoplasma* kann noch mehr als den Geruchssinn seiner Wirte beeinflussen: Normalerweise meiden Rattenweibchen von Parasiten geschwächte Rattenmännchen wie die Pest – Parasitenbefall macht Männchen für das weibliche Geschlecht unattraktiv, spricht er doch für eine geringere Fitness. Nicht so bei *Toxo*-infizierten Böcken, denn der Parasit steigert ihre Testosteronproduktion – *Toxo*-Rattenmännchen erscheinen der Damenwelt besonders sexy und werden von ihr geradezu umschwärmt.

Der Parasit manipuliert also nicht nur seinen Wirt ganz direkt, sondern auch das Paarungsverhalten nicht infizierter Weibchen. Bei der Paarung infizieren die per Sperma übertragenen Parasiten dann nicht nur die Partnerin, sondern auch den gemeinsamen Nachwuchs und schalten damit die angeborene Katzenfurcht der jungen Ratten von Geburt an aus. Offenbar braucht man kein Hirn, um ein überaus begabter Manipulator zu sein[77].

Glühwürmchen: Vorsicht, Sexfalle!

Eine milde Sommernacht, in der die Glühwürmchen schwärmen, hat etwas Magisches; Sex und Tod wohnen hier nah beieinander.

Die Männchen vieler Leuchtkäferarten bezirzen ihre Partnerinnen mit Lichtsignalen, auf die die Umworbenen artspezifisch antworten. Daraus haben die Weibchen anderer Leuchtkäferarten eine räuberische Taktik gemacht und locken liebestrunkene Männchen fremder Glühwürmchenarten mit falschen Sexualsignalen in den Tod.

Für die wunderbare Lichtshow bei uns sind in der Regel die Männchen des Kleinen Glühwürmchens *(Lamprohiza splendidula)* verantwortlich, wenn sie sich nachts im Juni/Juli auf die Suche nach den Weibchen begeben. Dabei kommunizieren sie durch artspezifische Lichtsignale mit ihren Partnerinnen *in spe* – sie bringen ihnen sozusagen ein »Lichtständchen«, und die flugunfähigen Weibchen antworten ihnen ebenfalls durch Leuchten. Kein Wunder, dass künstliches Licht (»Lichtsmog«) die Balz von Glühwürmchen aller Arten empfindlich stören kann.

....

Kaltes Licht

Die Lichtsignale entstehen durch eine biochemische Reaktion: Glühwürmchen speichern in ihren Lichtzellen Luciferin, einen Naturstoff, der durch Sauerstoff, den Energieträger ATP und das Enzym Luciferase zur Biolumineszenz angeregt wird. Dieses Prinzip zur Lichtbildung nutzen auch andere Insekten, wie Wanzen und Zweiflügler, aber vor allem marine

Leuchtkäferschwärme in Georgia (USA). Leuchtkäfer (Lampyridae) sind mit Ausnahme der Antarktis weltweit verbreitet, in Mitteleuropa kommen mehrere Arten vor. (Foto: Jud McCranie, Wikimedia Commons)

Wirbellose und Fische. Insbesondere Tiefseefische locken mit ihren leuchtenden Ködern Beute an oder suchen per Biolumineszenz nach Geschlechtspartnern.

Die Information, ob da ein arteigenes oder artfremdes Weibchen antwortet, liegt bei einigen Leuchtkäferarten in dem Intervall zwischen dem Ende des Lichtständchens und der Antwort – diese Dauer ist artspezifisch und gibt dem Männchen den entscheidenden Hinweis, wo es nach einer Partnerin suchen muss.

Sex bei den verschiedenen Glühwürmchenarten ist also eine Frage des richtigen Timings. Und das ist ein recht simpler Code, der, wenn man über Leuchtorgane und ein gutes Zeitgefühl verfügt, nicht allzu schwer zu knacken ist. *Photuris*-Weibchen haben sich dies im Lauf ihrer Evolution zunutze gemacht. Sie sind sozusagen mehrsprachig, was Lichtsignale angeht: Auf das Lichtmuster arteigener Männchen antworten sie mit dem zugehörigen arteigenen Antwortintervall, um sich mit ihnen zu paaren. Aber das ist nicht das einzige Signal, auf das sie reagieren: Entdecken sie das Lichtmuster artfremder Leuchtkäfer, zum Beispiel *Photinus*-Männchen, so antworten sie mit *deren* artspezifischem Lichtblitzintervall, geben sich also als *Photinus*-Weibchen aus – eine Art aggressive Lichtmimikry. Landet ein solches getäuschtes liebestrunkenes Männchen in ihrer Reichweite, machen sie kurzen Prozess und verspeisen es. Wegen dieses »in die Sexfalle-Lockens« gelten die *Photuris*-Weibchen als »Femmes fatales« der Käferwelt. Die Weibchen von *Photuris versicolor* haben es bei dieser Art des Fallenstellens zu einer wahren Meisterschaft gebracht und können mehr als ein halbes Dutzend »Lichtblitzantworten« artfremder Weibchen nachahmen.

Ihr Gewinn dabei ist ein doppelter: Die erbeuteten *Photinus*-Männchen stellen nicht nur eine schmackhafte Mahlzeit dar, sondern sie enthalten auch Gifte, die die *Photuris*-Weibchen nicht selbst herstellen, wohl aber übernehmen und zur eigenen Verteidigung nutzen können. Solche männermordenden Weibchen werden von Fressfeinden wie Springspinnen verschmäht, und zwar umso eindeutiger, je mehr Männer sie vertilgt haben. Und das erhöht ihre sexuelle Fitness ungemein.

Epilog:
Der Coolidge-Effekt oder der Reiz des Seitensprungs

Wir möchten dieses Buch über einige Facetten von Sex und Fortpflanzung im Tierreich nicht schließen, ohne einen Effekt zu erwähnen, der als biologische Grundlage für Seitensprünge gilt.

Nachdem ein Männchen mit einem Weibchen Sex hatte, braucht es anschließend in der Regel eine gewisse Zeit, bis es wieder sexuell erregbar ist und sich erneut mit seiner Partnerin paaren kann (so genannte Refraktärphase). So lässt sich verhindern, wird spekuliert, dass das Männchen seinen eigenen Samen aus dem Geschlechtstrakt seiner Partnerin spült. Diese Phase kann verkürzt werden, wenn das Männchen Gelegenheit erhält, statt mit der vertrauten Partnerin mit einer neuen Partnerin Sex zu haben (Coolidge-Effekt). Auf diese Weise lässt sich die Paarungshäufigkeit des Männchens erhöhen, ohne dass es den eigenen Spermien Konkurrenz macht.

Das Ehepaar Coolidge
Namenspate für den Coolidge-Effekt war übrigens kein Wissenschaftler, sondern ein Politiker und seine Frau. Der Anekdote nach besuchten Calvin Coolidge (1872–1933), 30. Präsident der Vereinigten Staaten, und seine Frau Grace einen Hühnerhof, wo sie getrennt herumgeführt wurden. Beeindruckt von der Energie eines Hahns, erkundigte sich Grace, wie oft

er denn derart aktiv sei. Auf die Antwort »mehrmals am Tag« meinte sie spitz, das solle man doch einmal dem Präsidenten erzählen. Der erkundigte sich, als er dies hörte, ob es sich denn immer um dieselbe Henne handele. Nein, stets eine andere Henne, erhielt er zur Antwort, woraufhin er bat, das möge man doch seiner Gattin mitteilen.

....

Dieser Effekt ist im Tierreich weit verbreitet und wurde bereits in den 1950er Jahren bei Ratten nachgewiesen. Inzwischen kennt man auch die Chemie, die dahintersteckt. Ermattete Rattenböcke, die durch eine neue Partnerin sexuell angeregt wurden, bekamen buchstäblich wieder Lust auf Sex: Ihr Belohnungszentrum (Nucleus accumbens) schüttete erneut größere Mengen von Dopamin aus und fachte ihr sexuelles Begehren damit wieder an – die Abwechslung macht's! Das gilt in abgeschwächter Form übrigens auch für das weibliche Geschlecht.

Und auch wir und unsere nächsten Verwandten sind betroffen. Wie Experimente mit Schimpansen in Gefangenschaft gezeigt haben, sind die Männchen – wie die Weibchen – zwar promisk, können aber durchaus Vorlieben für ein bestimmtes Weibchen entwickeln, und zwar ganz unabhängig von dessen Empfängnisbereitschaft – nicht nur Hormone, sondern auch Sympathie spielen offenbar eine Rolle. Das hindert Schimpansenmännchen aber keineswegs daran, besonderes Interesse für neu hinzukommende Weibchen zu zeigen und vermehrt mit ihnen zu kopulieren – der Coolidge-Effekt schlägt durch. Und wie Experimente zeigen, funktioniert der Coolidge-Effekt anscheinend auch bei *Homo sapiens*, und zwar in beiden Geschlechtern, ist aber in der Regel bei Männern stärker ausgeprägt.

Und das gilt nicht nur für Säuger, sondern auch für Fische und Käfer – sogar bei Zwittern wie Schlammschnecken *(Lymnaea stagnalis)* paart sich das Individuum, das bei der Paarung den männlichen Part übernimmt, lieber mit einem neuen statt mit seinem alten Partner. Der »Reiz des Neuen« ist quer durchs Tierreich offenbar ein wichtiger sexueller Antrieb: Genetische Vielfalt der Nachkommen ist Trumpf!

Wir haben in unserem Buch nur einige Aspekte des praktisch unerschöpflichen Themas »Sex und Fortpflanzung im Tierreich« angesprochen – es gibt noch so viele spannende, verblüffende und bislang unerzählte Geschichten. Welche Rolle spielen beispielsweise Faktoren wie Schönheitsempfinden, Persönlichkeit und Zuneigung bei der Wahl eines Partners/einer Partnerin? Sind Intelligenz und Empathie Eigenschaften, die den Fortpflanzungserfolg bei höheren Tieren fördern können? Empfinden auch Wirbellose Lust bei der Paarung? Aber das sind Fragen für ein anderes Buch …

Wir hoffen, unsere kurze Reise durch das faszinierende Labyrinth tierischen Sexual- und Fortpflanzungsverhaltens hat Ihnen gefallen und animiert Sie, die eine oder andere Story am Küchentisch weiterzuerzählen. Ein nicht unbeträchtlicher Teil der Fallgeschichten kam nämlich auf diese Weise zusammen.

Danksagung

Die Autoren danken Kai Focke, Bad Schönborn, der den Text auf Verständlichkeit für Nichtbiologen gegengelesen hat, für seine Anregungen und ausführlichen Kommentare. Und wir danken Rüdiger Müller, Sachbuch-Programmleiter beim Hirzel-Verlag, der gleich vom Thema angetan war, sowie unserer langjährigen Lektorin Angela Meder, Stuttgart, die unseren Text wie immer fachlich und stilistisch kompetent bearbeitet hat und uns auch bei der Bildauswahl eine Hilfe war.

Monika Niehaus und Michael Wink

Glossar

Alkaloide: Stickstoffhaltige Sekundärstoffe, die von Blütenpflanzen, aber auch von einigen Tieren (Feuersalamander) als Abwehrgifte produziert werden. Viele Alkaloide sind schnell wirksame Nervengifte; einige wirken auf die Psyche und rufen Halluzinationen hervor.

Autosomen: Alle Chromosomen, die keine Geschlechtschromosomen sind.

Balz: Meist angeborenes Verhalten, das zur Partnerfindung und Paarung dient und bei vielen Tierarten nachgewiesen wurde. Bei zahlreichen Wirbeltier- und Wirbellosenarten ist das Balzverhalten ritualisiert (Kranichtänze, Hochzeitstänze der Skorpione).

Bateman-Prinzip: Nach dem englischen Genetiker Angus John Bateman (1919–1996) benanntes evolutionsbiologisches Prinzip, nach dem die Männchen um die Weibchen werben und möglichst viel zu kopulieren suchen, während sich die Weibchen darauf konzentrieren, Nachwuchs zu produzieren und aufzuziehen. Heute wissen wir jedoch, dass dieses Prinzip zu stark vereinfacht, da auch die Weibchen bei vielen Arten promisk sind.

Dennoch gilt, dass der Fortpflanzungserfolg von Männchen bei den meisten Tierarten stärker schwankt als der von Weibchen – fast jedes Weibchen wird Mutter (es sei denn, dass Alphaweibchen den Nachwuchs von rangniedrigen Weibchen unterdrücken), aber keineswegs jedes Männchen Vater. Weibchen, die die kostspieligen Eier liefern und in der Regel auch mehr in die Aufzucht des Nachwuchses investieren, sind der begrenzende Faktor bei der Fortpflanzung. Bei Säugetieren sind die Kosten für die Weibchen durch Schwangerschaft, Säugen und Jugendaufzucht besonders hoch. Daher müssen die Männchen, deren *väterliches Investment* an Zeit und Energie für den Nachwuchs gemeinhin geringer ist, um die Weibchen konkurrieren. Bei vielen Säugetieren kümmern sich die Männchen nach der Kopula nicht um den möglicherweise gezeugten Nachwuchs. Und daher sind es auch fast immer die Weibchen, die den Geschlechtspartner wählen (Weibchenwahl, *female choice*). Nur in seltenen Fällen ist es umgekehrt, und die Weibchen buhlen um die Gunst der Männchen (Männchenwahl, *male choice*, zum Beispiel bei Wassertretern und Drosseluferläufern, Amazonen-Mollys und Schmetterlingen wie einigen *Acraea*-Arten).

Befruchtung: Verschmelzen von weiblichen (Eizellen) und männlichen (Spermien) Keimzellen bei der sexuellen Fortpflanzung. Bei der *äußeren Befruchtung*, wie sie für Meeresbewohner von Quallen über Korallen bis zu Fischen typisch ist, geben beide Geschlechter ihre Keimzellen ins Wasser ab, wo die Vereinigung von Spermien und Eizellen stattfindet. Die Methode ist im Prinzip einfach, allerdings muss die Abgabe der männlichen und weiblichen Keimzellen synchronisiert werden. Die Verluste sind jedoch hoch; man braucht also Unmengen an Keimzellen. Bei der *inneren Befruchtung*, wie sie bei einigen Meerestieren und den meisten Landtieren (darunter alle Vögel und Säuger) üblich ist, erfolgt die Vereinigung von Samen- und Eizellen im Körper des Weibchens; dies hat bei vielen Männchen zur Ausbildung eines männlichen Begattungsorgans (Penis) geführt. Innere Befruchtung erfordert einen größeren Aufwand als äußere, spart aber Keimzellen, da der Befruchtungserfolg deutlich höher ist.

Besamung, traumatische siehe Spermalege

Cantharidin: Eine komplex aufgebaute Verbindung (Monoterpen), die von Ölkäfern und einigen Weichkäfern (Meloidae) als Abwehrgift produziert wird. Cantharidin ist chemisch sehr reaktiv, kann mit verschiedenen Proteinen Verbindungen eingehen und wirkt daher zelltoxisch.

Darwinismus: Bezeichnet die Theorie der Evolution durch natürliche Selektion, wie sie Charles Darwin 1859 in »The Origin of Species« publizierte.

DNA: Desoxyribonucleinsäure, ein Makromolekül, das die Erbsubstanz bildet. Ihre Struktur wurde 1953 von James Watson und Francis Crick aufgeklärt, wobei sie sich auf Röntgenstrukturanalysen der DNA von Rosalind Franklin stützten.

DNA-Fingerprinting: Molekularbiologische Methode, um Vaterschaft und Verwandtschaftsbeziehungen innerhalb von Familien oder um den Täter eines Verbrechens zu ermitteln.

Eizelle siehe Geschlechtszelle

Endoparasitismus siehe Parasit

Ektoparasitismus siehe Parasit

Endwirt siehe Wirt

Eusozialität: Sozialstruktur, bei der mehrere Generationen einer tierischen Gemeinschaft kooperieren, Arbeiten (Brutpflege, Nahrungsbeschaffung) und Funktionen (Amme, Soldat) in der Gemeinschaft aufgeteilt werden und nur wenige Mitglieder sich fortpflanzen. Beispiele sind staatenbildende Insekten wie Ameisen, Termiten und Honigbienen sowie bei Säugern die Nacktmulle.

Evolutionstheorie: Der englische Naturforscher Charles Darwin (1809–1882) begründete die Evolutionstheorie, nach der alle Organismen auf gemeinsame Vorfahren zurückgehen, mit denen sie eine gemeinsame Stammesgeschichte (Phylogenie) teilen. Der Motor der evolutiven Veränderung ist die natürliche Selektion, die dafür sorgt, dass in einer Population diejenigen Individuen die höchsten Fortpflanzungschancen haben, die am besten an die herrschenden Umweltbedingungen angepasst sind. Voraussetzung für die Selektion ist eine Variabilität innerhalb einer Population/Art. Diese Variabilität oder Vielfalt wird vor allem durch die sexuelle Fortpflanzung generiert.

Fortpflanzung (Reproduktion): Entscheidendes Merkmal des Lebens; biologischer Prozess, bei dem von einem oder zwei Elternteilen eigenständige Lebewesen (Nachkommen) erzeugt werden. Das kann auf *ungeschlechtliche (asexuelle)* Weise geschehen – eine Amöbe teilt sich, ein Seestern schnürt einen Teil ihres Körpers ab –, was bei niederen Tieren verbreitet ist. In diesen Fällen ist nur ein Elterntier beteiligt und der Nachwuchs dessen Klon.

Höhere Tiere vermehren sich im Allgemeinen *geschlechtlich*, das heißt, sie produzieren Geschlechtszellen. Im Regelfall, nämlich bei der *zweigeschlechtlichen (bisexuellen)* Fortpflanzung, sind das Eizellen im weiblichen und Samenzellen (Spermien) im männlichen Geschlecht. Ei- und Samenzelle verschmelzen und aus ihnen erwächst neues Leben, das die Hälfte seiner Gene von der Mutter, die andere Hälfte vom Vater erhalten hat – das sorgt für genetische Vielfalt.

Ein Spezialfall der geschlechtlichen Fortpflanzung ist die *eingeschlechtliche (unisexuelle)* Fortpflanzung, auch Parthenogenese genannt (siehe auch dort).

Gelegegröße: Anzahl der Eier, die ein Vogelweibchen in einer Brut ablegt. Bei einigen Vogelarten ist die Gelegegröße konstant und angeboren (determiniert). Bei anderen Arten ist sie flexibel und von

Umweltbedingungen (Nahrungsangebot) abhängig; wenn man Eier aus ihrem Gelege entfernt, legen die Weibchen eine Zeit lang nach. Weibchen investieren bis zu 30 bis 50 Prozent ihrer Körpermasse in ihr Gelege. Männchen hingegen meist weniger als fünf Prozent ihrer Masse in die Spermienproduktion.

Gen: Gene kodieren für Proteine und Ribonukleinsäuren, die an der Ausprägung des Phänotyps beteiligt sind. Sie gelten als Basiseinheit der Vererbung. Bei diploiden Organismen gibt es von jedem Gen zwei Ausprägungen oder Varianten, die als Allele bezeichnet werden. Das Allel, das das Erscheinungsbild, den Phänotyp, nicht beeinflusst, wird als rezessiv bezeichnet. Das Gen, das den Phänotyp prägt, wird dominant genannt.

Genegoismus: Von dem Evolutionsbiologen Richard Dawkins geprägter Begriff im Zusammenhang mit egoistischen Genen *(selfish genes)*, die nur auf ihren eigenen Vorteil bedacht sind. Früher hat man vom »Arterhalt« als Triebfeder der Evolution gesprochen, aber kein Tier kümmert sich um seine Art oder zeigt Interesse daran, sie zu erhalten – da ist das Hemd näher als der Rock: Ein Löwenmännchen interessiert sich nur für seine eigenen Nachkommen und tötet, um seinen Fortpflanzungserfolg zu erhöhen, den Nachwuchs seines Vorgängers –, schlecht für den Arterhalt, aber gut für die Weitergabe seiner eigenen Gene.

Generationswechsel: Wechsel zwischen verschiedenen Fortpflanzungsformen in der Generationsfolge; es können sich geschlechtliche und ungeschlechtliche (Teilung) Vermehrung abwechseln, wie bei *Toxoplasma*, aber auch eingeschlechtliche (siehe Parthenogenese) und zweigeschlechtliche Vermehrung, wie bei Blattläusen.

Gentransfer, horizontaler: Austausch von Genen zwischen Genomen unterschiedlicher Arten.

Geschlechtsbestimmung, polygenetische: Bei dieser Variante der Geschlechtsbestimmung wird das Geschlecht eines Individuums zwar genetisch festgelegt, aber nicht von spezialisierten Geschlechtschromosomen (siehe unten), sondern die an der Festlegung des Geschlechts beteiligten Gene können sich über das ganze Genom verteilen. Es sind letztlich komplexe Gen-Expressionsmuster, die mit der Differenzierung in Männchen und Weibchen einhergehen.

Geschlechtschromosomen (Gonosomen): Chromosomen, deren Erbinformation das genetische Geschlecht eines Individuums festlegt. Beim XY-System, wie es typisch für Säuger ist, haben Weibchen die Konfiguration XX, Männchen die Konfiguration XY, wobei das SRY-Gen auf dem Y-Chromosom dafür sorgt, dass sein Träger ein Männchen wird. Dieses Gen induziert die Ausbildung von Hoden, die wiederum Testosteron produzieren. Ohne SRY entstehen ausschließlich Weibchen.

Beim ZW-System, wie es typisch für Vögel ist, haben die Weibchen ZW, die Männchen ZZ; hier entscheidet die Dosis darüber, ob ein Individuum männlich (doppelte Z-Dosis) oder weiblich (einfache Z-Dosis) wird.

Die Buchstabenbezeichnungen für die Geschlechtschromosomen sind übrigens historisch entstanden; X und Y wurden nach den mathematischen Unbekannten benannt. Als man dann ein weiteres Geschlechtssystem entdeckte, wählte man die Nachbarbuchstaben W und Z, um diese Geschlechtschromosomen von X und Y zu unterscheiden.

Geschlechtsdimorphismus (Sexualdimorphismus): Deutlich unterschiedliches Erscheinungsbild bei Männchen und Weibchen derselben Art. Das können Größenunterschiede sein; bei zahlreichen Spinnenarten und einige Fischarten wie den Tiefseeanglern mit ihren Zwergmännchen sind die Weibchen um ein Vielfaches größer als die Männchen, bei vielen Säugerarten, wie Gorillas, Löwen und Giraffen, sind die Männchen deutlich größer und schwerer als die Weibchen. Geschlechtsdimorphismus kann sich aber auch im Federkleid zeigen: Bei vielen Vogelarten sind die Weibchen unauffällig tarnfarben, die Männchen hingegen bunt befiedert. Farbenprächtige Männchen kennt man auch von Fischen, Reptilien, Amphibien, Insekten, Springspinnen, Tausendfüßlern und vielen Krebstieren. Außerdem können sich Männchen durch auffällige Körperanhänge (geschraubter Eckzahn beim Narwal, Geweih beim Rothirsch) von arteigenen Weibchen unterscheiden. Dieser Sexualdimorphismus ist vermutlich das Ergebnis der sexuellen Selektion.

Geschlechtswechsel: Kommt vor allem bei Fischen vor. Kann in zwei Richtungen erfolgen: *Protogynie* (Weibchen → Männchen) lohnt sich dann, wenn der Fortpflanzungserfolg von Männchen mit zunehmendem Alter oder zunehmender Größe schneller steigt als derjenige von Weibchen, beispielsweise bei territorialen Arten mit Haremssystemen, bei denen ein revierbesitzender männlicher Blaukopf-Junker die Eier vieler Weibchen besamt. *Protandrie* (Männchen → Weibchen) findet man hingegen bei den monogam lebenden Anemonenfischen; wenige Spermien genügen zur Besamung des Laichs, und größere Männchen haben keinen besonderen Vorteil.

Geschlechtszellen (Keimzellen, Gameten): Im weiblichen Geschlecht relativ große, unbewegliche Eizellen (Eier), im männlichen Geschlecht kleinere, bewegliche Samenzellen (Spermien). Beim Menschen ist das Volumen der Eizellen etwa 85 000-mal größer als das der Spermien.

Größenvorteilsmodell: Modell, das den Zusammenhang zwischen Größe und Fortpflanzungserfolg bei Konsekutivzwittern (siehe Zwitter) erklären soll. Danach werden Auftreten und Richtung des Geschlechtswechsels vom Paarungssystem bestimmt, denn von diesem System hängt beim Männchen die Beziehung zwischen Fortpflanzungserfolg und Körpergröße ab; beim Weibchen nimmt dieser Erfolg hingegen unabhängig vom System mit steigender Größe zu.

Haplodiploidie: Geschlechtsbestimmung bei Ameisen und anderen Hautflüglern (Hymenoptera). Aus unbefruchteten Eiern entstehen haploide Männchen, aus befruchteten Eiern diploide Weibchen.

Hektokotylus: Ein unpaarer, zum Begattungsorgan umgebildeter Arm eines männlichen Kopffüßers, der darauf spezialisiert ist, Samenpakete (Spermatophoren) zu speichern und in die Leibeshöhle des Weibchens zu transportieren.

Hermaphrodit siehe Zwitter

Heterosis-Effekt: Erhöhung der biologischen Fitness durch Kreuzung zweier genetisch möglichst unterschiedlicher Eltern. In der Tierzucht führt die Kreuzung von reinerbigen *(homozygoten)* Inzuchtlinien häufig zu deutlich robusteren und leistungsfähigeren Nachkommen, so genannten Mischlingen oder Hybriden. Das gilt offenbar auch für die Kreuzung zweier nah verwandter Arten wie Atlantikkärpfling und

Breitflossenkärpfling: Das Ergebnis, die Amazonen-Mollys, zeigen eine hohe genetische Vielfalt (Mischerbigkeit, *Heterozygotie*) und leiden nicht stärker unter Parasiten als ihre Elternarten (siehe auch Rote-Königin-Hypothese).

Heterozygotie/Homozygotie siehe Heterosis-Effekt

Infantizid: Tötung der abhängigen Kinder, meist durch Männchen. Bei 60 Prozent aller Säugetierarten wurden Infantizide dokumentiert. Bei Primaten und Löwen, in denen ein Alphamännchen die Herrschaft innehat, tritt Infantizid dann auf, wenn ein neues Alphamännchen die Macht übernimmt. Der Alphamann tötet den Nachwuchs der säugenden Mütter. Diese kommen nach dem Abstillen wieder in den Östrus und werden vom neuen Herrscher begattet. Bis zu ca. 30 Prozent der Berggorillakinder und bis zu 75 Prozent der Mantelpaviankinder *(Papio hamadryas)* kommen durch Infantizid ums Leben.

Inzuchtdepression: Wenn sich nah verwandte Individuen paaren, kann dies die genetische Fitness ihrer Nachkommen massiv beeinträchtigen, weil die Variabilität des Genmaterials in der Population abnimmt und Genschäden dominant werden. Da immer wieder ähnliche Erbinformationen an den Nachwuchs weitergegeben werden, verarmt der Genpool mit der Zeit.

Kloake: Teil des Enddarms, der sich nach außen öffnet. Durch diese Öffnung gelangen Urin und Kot sowie Geschlechtsprodukte (bei Weibchen Eier, bei Männchen Samen) nach außen. Die meisten Wirbeltiere – einige Fische, alle Amphibien, Reptilien und Vögel, bei den Säugern die eierlegenden Arten, Schnabeltier und Schnabeligel – haben eine Kloake.

Kloakenkuss: Meist kurzes Aufeinanderpressen der Kloaken eines Vogelmännchens und eines Vogelweibchens, durch das bei der Paarung Sperma übertragen wird. Ob die Dinosaurier sich auf diese Weise oder mittels Penis und Penetration fortpflanzten, ist umstritten. Der Kloakenkuss verhindert bei penislosen Vögeln eine Vergewaltigung, da die Weibchen bei der Paarung kooperieren müssen.

Konsekutivzwitter siehe Zwitter

Lek: Balzplatz, an dem sich polygyne Männchen zusammenfinden und um Weibchen konkurrieren, indem sie ihre körperliche Fitness ins beste Licht rücken. Ziel ist es, möglichst viele Weibchen anzulocken und zur Paarung zu veranlassen *(Weibchenwahl)*. Man könnte salopp von einer »Single-Bar« reden. Dieses Verhalten ist unter Insekten und Wirbeltieren, vor allem bei Vögeln (zum Beispiel Kampfläufer, Birkhuhn, Großtrappe), verbreitet. Extrem selten ist es jedoch, dass *Weibchen* auf diese Art um Männchen konkurrieren *(Männchenwahl)*; so etwas kommt neben den *Acraea*-Schmetterlingen nur noch bei einem anderen Insekt, einer Tanzfliege *(Empis borealis)*, und beim Mornellregenpfeifer vor.

Maskulinisierung: Vermännlichung weiblicher Tiere, wie man es unter Säugern zum Beispiel bei den Weibchen der Tüpfelhyäne *(Crocuta crocuta)*, von Maulwürfen und Erdmännchen findet.

Matriarchat: Wörtlich »Herrschaft der Mütter«; Sozialsystem, bei dem die Weibchen das Sagen und die Männchen wenig zu vermelden haben. Im Tierreich unter sozialen Insekten verbreitet, unter Säugern sehr selten, zum Beispiel bei Tüpfelhyänen, Nacktmullen, Erdmännchen und Lemuren; geht häufig mit größeren/aggressiveren Weibchen und Polyandrie einher (siehe auch Patriarchat).

Meiose (Reifeteilung): Besondere Form der Zellteilung, durch die Ei- und Spermienzellen gebildet werden; sie besteht aus zwei aufeinander folgenden Teilungen mit nur einer Runde der DNA-Replikation, wodurch aus der diploiden Ausgangszelle – mit zweifachem Chromosomensatz – vier haploide Tochterzellen mit einfachem Chromosomensatz entstehen.

Mimikry: Vortäuschen, jemand anders zu sein. Dieses »Verkleiden« (Mime!) ist eine evolutionäre Anpassung. In der Regel geht es darum, sich vor Fressfeinden zu schützen, indem man das Äußere eines wehrhaften Tieres einer anderen Art nachahmt. Schwebfliegen ahmen zum Beispiel die typische Schwarz-Gelb-Zeichnung von wehrhaften Wespen nach, harmlose Dreiecksnattern die Zeichnung von giftigen Korallenottern.

Solche falschen Signale können sich aber auch an Artgenossen richten. So täuschen manche männlichen Blaukopf-Junker dominanten Männchen durch ihr Aussehen und Verhalten vor, Weibchen zu sein, werden daher von den Revierbesitzern nicht vertrieben und erschleichen sich damit Paarungsgelegenheiten. Nicht an Artgenossen, aber doch an eng verwandte Arten richtet sich die *aggressive Mimikry* mancher Glühwürmchenweibchen, die die Männchen fremder Glühwürmchenarten durch falsche Leuchtsignale in die Falle locken.

Monogamie: Männchen und Weibchen haben eine enge Paarbindung. Sexuelle Kontakte werden nur mit einem einzigen Partner des anderen Geschlechts unterhalten, wobei die Dauer dieser monogamen Beziehung sehr variabel sein kann – von einer einzigen Brutperiode bis zu lebenslang. Im Tierreich sind solche »Einehen« äußerst selten; am häufigsten findet man sie bei Vögeln (ca. 90 Prozent aller Arten). Aber selbst dort kommt es gelegentlich zu Seitensprüngen, und zwar bei beiden Geschlechtern. Da die Partner einander jedoch die meiste Zeit treu sind, spricht man in diesem Fall von »sozialer Monogamie«.

Nymphen: Jugendstadien verschiedener Gliedertiere, die anders als Larven (Schmetterlingsraupen, Fliegenmaden) ihren Eltern äußerlich stark ähneln, aber noch nicht fortpflanzungsfähig sind. Beispiele finden sich bei Insekten (Blattläuse, Wanzen) und Spinnentieren (Milben).

Östrus (Brunst): Periode der größten Paarungsbereitschaft, die mit der Ovulation einhergeht. Das Wort stammt ursprünglich aus dem griechischen Wort für Dasselfliegen (oîstros), die Rinder verfolgen und diese verrückt machen. Viele Tiere kopulieren nur in dieser Periode.

Oxytocin (auch Bindungshormon genannt): Peptidhormon, das Empathie und Brutpflege auslöst. Oxytocin wird freigesetzt beim Säugen/Stillen, beim Orgasmus und der sozialen Körperpflege (Kraulen, Lausen). Es bewirkt bei beiden Geschlechtern einen Abbau von Stress.

Parasit: Er zeichnet sich dadurch aus, dass er auf Kosten anderer lebt; diese anderen bezeichnet man als seinen »Wirte« (siehe dort), und meist geht es dabei um Nahrungsressourcen.

Dabei unterscheidet man je nach Aufenthaltsort auf beziehungsweise im Wirt zwei große Gruppen: Parasiten, die sich auf der Körperoberfläche tummeln, wie Läuse und Flöhe, oder die ihre Opfer nur zeitweilig besuchen, wie Bettwanzen, werden als *Ektoparasiten* bezeichnet. Solche, die sich im Körperinneren (Darm, Blut, Organe) tummeln, wie Bandwürmer und Pärchenegel, oder gar in einzelne Zellen eindringen, wie der Malariaerreger *Plasmodium* oder der Erreger der Toxoplasmose, *Toxoplasma*, nennt man *Endoparasiten*.

Parthenogenese: »Jungfernzeugung«; eingeschlechtliche (unisexuelle) Fortpflanzung, bei der zwar Geschlechtszellen gebildet werden, diese aber – im Gegensatz zur zweigeschlechtlichen (bisexuellen) Fortpflanzung – nicht befruchtet werden, sodass sich der Nachwuchs aus unbefruchteten Eizellen entwickelt. Die Eizellen entstehen durch Meiose, wobei die Entwicklung zu genetisch leicht unterschiedlichen Nachkommen führt, die keine Klone sind. Eine derartige echte Parthenogenese findet man bei Wirbeltieren im Schnitt bei etwa einer von 1000 Arten, und sie kommt bei allen Wirbeltierklassen mit Ausnahme von Säugern in freier Natur vor (bei Vögeln allerdings höchst selten). Bei Säugern ist es nur im Labor gelungen, Mäuse aus unbefruchteten Eizellen zu züchten.

Verkompliziert wird die ganze Sache dadurch, dass es neben der klassischen Parthenogenese eine so genannte apomiktische Parthenogenese (ohne Reduktionsteilung in der Meiose) gibt, wobei sich der Nachwuchs aus einer diploiden Eizelle entwickelt. Diese enthält dieselbe genetische Information wie das Muttertier, und die Nachkommen sind genetisch identisch, also Klone (Apomixis). Das ist bei einigen Insektengruppen der Fall, zum Beispiel bei Blattläusen. Eine apomiktische Parthenogenese ist also eine eingeschlechtliche Fortpflanzung (es werden Keimzellen gebildet), gleichzeitig aber genetisch eine asexuelle Vermehrung (Klone).

Partnerwahl siehe Bateman-Prinzip

Patriarchat: Wörtlich »Herrschaft der Väter«; soziales System, bei dem die Männchen das Sagen und die Weibchen nichts zu vermelden haben; im Tierreich besonders unter Säugern weit verbreitet. Geht häufig mit Geschlechtsdimorphismus (große Männchen, kleinere Weibchen) und einem Haremssystem einher (siehe auch Matriarchat).

Pheromon: Natürlicher Botenstoff, der der Kommunikation innerhalb einer Art dient. Das können unter anderem Sexualpheromone sein, die vom Weibchen oder Männchen abgegeben werden, um das andere Geschlecht anzulocken, oder auch Alarmpheromone, die Artgenossen vor Angreifern und Fressfeinden warnen (zum Beispiel bei Wespen).

Phoresie: Eine »Mitfahrgelegenheit«, bei der ein oder mehrere »Gäste« (zum Beispiel Milben) ein deutlich größeres Wirtstier (zum Beispiel einen Käfer) als Transportmittel nutzen, ohne lange um Erlaubnis zu fragen. Im Gegensatz zum Parasitismus schadet der Gast seinem Wirt jedoch nicht, sondern steigt, am Ziel angekommen, einfach ab. Er nutzt den Wirt also lediglich zur Verbreitung.

Phylogenie: Stammesgeschichte, in der sich jede systematische Einheit/ Gruppe von einem Vorläufer ableitet.

Polygamie: Paarungssystem, bei dem ein Geschlecht langfristige sexuelle Kontakte zu mehreren Mitgliedern des anderen Geschlechts hat. Bei der im Tierreich deutlich häufigeren Variante der Polygamie, der *Polygynie* (»Vielweiberei«), paart sich ein Männchen regelmäßig mit mehreren Weibchen, die es gegen andere Männchen verteidigt. Ein solches Haremssystem findet man beispielsweise bei Gorillas. *Polyandrie* (»Vielmännerei«) – ein Weibchen paart sich mit mehreren Männchen – ist vor allem unter staatenbildenden Insekten verbreitet, findet sich aber auch bei Wirbeltieren (siehe auch Monogamie)

Polyandrie siehe Polygamie

Polygynie siehe Polygamie

Polymorphismus: Wörtlich »Vielgestaltigkeit«; kann sich auf eine hohe genetische Variabilität beziehen wie bei den Amazonen-Mollys, wird aber meist auf äußerlich sichtbare Merkmale bezogen wie das Auftreten verschiedener Erscheinungsbilder (Phänotypen) in einer Population, zum Beispiel unterschiedliche Kasten bei staatenbildenden Insekten (Ameisen, Termiten). Von *Dimorphismus* spricht man bei Blattläusen, bei denen gleichzeitig geflügelte und ungeflügelte Individuen auftreten können (siehe auch Geschlechtsdimorphismus).

Protandrie siehe Geschlechtswechsel

Protogynie siehe Geschlechtswechsel

Prädatoren: Früher sprach man von Raubtieren oder Räubern, aber da das moralisch so verwerflich klingt, weicht man heutzutage meist auf Begriffe wie Beutegreifer, Fressfeind oder Prädator (Eindeutschung des englischen Fachbegriffs *predator*) aus. Am Sachverhalt ändert das nichts: Ein Prädator ist ein Fleischfresser, der Beutetiere fängt und tötet, um sich von ihnen zu ernähren.

Prägung: Eine Form des Lernens, das innerhalb eines kleinen Zeitfensters auftritt; meist während der Jugendentwicklung. Bei der sexuellen Prägung lernen die Jungtiere, künftige Geschlechtspartner zu identifizieren.

Promiskuität: Paarungssystem ohne besondere Partnerbindung, bei dem Männchen wie Weibchen wiederholt mit mehreren Partnern des anderen Geschlechts sexuellen Kontakt haben. Beispiele für hoch promiske Tierarten sind Bonobos und Schimpansen (siehe auch Monogamie, Polygamie).

Reifeteilung siehe Meiose

Reproduktionserfolg *(lifetime reproductive success)*: Durch natürliche Selektion überleben Individuen, die einen besonders hohen Fortpflanzungserfolg aufweisen. Der Erfolg ist nicht gleich verteilt; es gibt Gewinner und Verlierer. In einer Sperberpopulation erbrüteten zum Beispiel rund fünf Prozent der Altvögel mehr als 50 Prozent aller Jungvögel.

Rote-Königin-Hypothese: »Hierzulande musst du so schnell rennen, wie du kannst, wenn du am gleichen Fleck bleiben willst«, erklärt die Rote Königin der kleinen Alice in Lewis Carrolls Kinderbuch »Alice hinter den Spiegeln«. Auf die Evolutionsbiologie übertragen heißt das, eine Art muss sich ständig und möglichst schnell an veränderte Lebensumstände anpassen, um nicht ins Hintertreffen zu geraten. Das ist ein starkes Argument für eine zweigeschlechtliche Fortpflanzung, denn dort werden die Karten beziehungsweise Gene bei der Befruchtung neu gemischt.

Selektion (Auslese), natürliche: Evolutionärer Zufallsprozess, in dem unter variablen Individuen solche bevorzugt werden, die besser angepasst sind und letztlich größeren Fortpflanzungserfolg aufweisen.

Selektion, sexuelle: Auslesevorgang, der sich auf Merkmale des anderen Geschlechts bezieht, zum Beispiel durch Damenwahl. Weibchen selektieren Männchen mit »guten Genen«, die es an indirekten energieaufwendigen Fitness-Merkmalen erkennt (Schönheit, komplexe Gesänge und Balz, Karotenoideinlagerungen). Diese Signale werden als »ehrlich« bezeichnet, da sie kaum zu manipulieren sind.

Sexualdimorphismus siehe Geschlechtsdimorphismus

Sexualparasitismus: Fortpflanzung mithilfe von Samen einer anderen Art. Amazonen-Mollys, eine Art, die nur aus Weibchen besteht, sind Meisterinnen des Samenraubs; sie brauchen Spermien, um die Entwicklung ihrer Eizellen anzuregen. Da sie lebendgebärend sind, müssen sie Männchen einer fremden, aber eng verwandten Art

»verführen«, um sich mit ihnen zu paaren. Deren Erbgut wird dann später, wenn es seinen Zweck erfüllt hat, einfach wieder aus der Eizelle herausgeworfen. Parasitismus ist das Ganze insofern, da das Männchen nur als »Mittel zum Zweck« dient und es für seine Investition – Zeit und Sperma – keinen Gegenwert erhält. Manchmal wird auch das Verhältnis von Tiefseeanglermännchen zu ihren Weibchen als »Sexualparasitismus« bezeichnet, da die Zwergmännchen am Kreislaufsystem ihrer Partnerin hängen und von dieser miternährt werden. Das erscheint jedoch nicht sinnvoll, da die Männchen die Weibchen nicht schädigen, sondern beide für das gemeinsame Ziel – Nachwuchs – arbeiten. Genauso könnte man einen sich entwickelnden Fötus als »Parasiten« des Muttertiers bezeichnen.

Signal: Bei der Kommunikation zwischen Tieren spielen optische, akustische und olfaktorische (Geruchs-)Signale eine große Rolle. Es handelt sich häufig um genetisch determinierte Merkmale, die durch natürliche Selektion entstanden. Verhaltenssignale können Freude, Angst oder Aggression zum Ausdruck bringen (zum Beispiel Haarsträuben beim aggressiven Hund). Durch akustische Signale markieren Vogelmännchen ihre Brutreviere. Olfaktorische Signale (Pheromone) dienen der Reviermarkierung oder Anlockung von Paarungspartnern. Optische Signale markieren bei vielen Tieren das Geschlecht, Alter und den Gesundheitszustand.

Simultanzwitter siehe Zwitter

Sneaker (Schleicher): Eine Strategie von rangniederen Männchen, bei der Fortpflanzung zum Zuge zu kommen, obwohl Alphamännchen die Weibchen monopolisieren. Sie besteht darin, entweder sich wie Weibchen zu verhalten oder sogar deren Phänotyp anzunehmen. So können sie sich ungesehen an die Weibchen heranmachen und eine Vaterschaft erschleichen. Dieses Verhalten kennt man von einigen Vögeln (Kampfläufer, Rohrweihe), See-Elefanten und vielen Fischen (zum Beispiel Blaukopf-Junker).

Spermalege: Spezielles unter der Haut liegendes Organ im Bauchbereich von Bettwanzenweibchen. In diese geschlossene Tasche rammt das Männchen seinen nadelförmigen Penis, um seine Spermien zu deponieren, statt die Begattung durch die weibliche Geschlechtsöffnung zu vollziehen. Diese brutale Art der Begattung nennt man *traumatische*

Besamung. Von der Spermalege wandern die Spermien zu den Eierstöcken und befruchten die Eizellen.

Spermatophore: Spermienpaket, das von Männchen mit Drüsensekret zusammengeklebt und in die Geschlechtsöffnung des Weibchens bugsiert – gelegentlich auch von ihm aktiv aufgenommen – wird, wo die Spermien frei werden und die Eier besamen; der Vorteil dieser Methode ist, dass viel weniger Spermien gebraucht werden als bei einer äußeren Befruchtung. Spermatophoren sind bei Gliederfüßern, Würmern, Weichtieren üblich; sie kommen auch bei einigen Fischen und Molchen vor.

Spermienkonkurrenz: Wird ein Weibchen von mehreren Männchen begattet, so kommt es unter den Spermien zu einer Art Wettbewerb, welches zuerst die Eizelle erreicht und befruchtet. Die Menge der übertragenen Spermien kann sehr groß sein: Beim Gorilla werden ca. 20 bis 80 Millionen Spermien bei einer Ejakulation übertragen, ca. 480 Millionen bei *Homo sapiens* und ca. 600 Millionen bei Schimpanse und Bonobo. Durch häufige und mehrfache Kopulation können Spermien von Konkurrenten verdünnt und herausgespült werden. Bei einigen Säugetieren können die Männchen Spermien des Vorgängers mechanisch entfernen, indem sie ihren Penis wie eine Art Bürste einsetzen.

Spermium: Männliche Geschlechtszelle. Spermien mit einem Y-Chromosom sind kleiner und schwimmen offenbar schneller, während solche mit einem größeren X-Chromosom schwerer sind. Den Größenunterschied kann man nutzen, um Spermien entsprechend ihrer Y- oder X-Chromosomen zu trennen. Die Spermiengröße schwankt im Tierreich und ist bei Arten mit äußerer Befruchtung meist kleiner als bei Arten mit innerer Befruchtung. Bei Taufliegen kann die Spermienlänge ein Mehrfaches der Körperlänge betragen.

Sphragis: »Keuschheitsgürtel«; Verschluss der weiblichen Geschlechtsöffnung mit einem körpereigenen, aushärtenden Sekret des Männchens nach erfolgter Paarung. So verhindern die Männchen verschiedener Schmetterlingsarten weitere Paarungen der Partnerin, um sich so die Vaterschaft der Nachkommen zu sichern. Bizarr geht es bei einigen Fliegenarten und Bienen zu: Nach der Kopula bricht der männliche Genitalbereich ab und verschließt den weiblichen

Genitaltrakt, sodass eine erneute Kopula mit einem neuen Männchen schwierig oder unmöglich wird – es sei denn, ein neues Männchen entfernt den Stopfen aktiv.

SRY-Gen: Wichtiges Regulatorgen, dessen Aktivierung die Ausbildung von Hoden und dadurch die Produktion von Testosteron auslöst. Es bestimmt den männlichen Phänotyp.

Testosteron: Männliches Geschlechtshormon, das vor allem in den Hoden von männlichen Wirbeltieren produziert wird. Testosteron fördert bei Männchen nicht nur die Ausprägung primärer und sekundärer Geschlechtsmerkmale, sondern auch Aggressivität, hohe Risikobereitschaft, kompetitives Verhalten und größere Muskelkraft. Dagegen kommt es offenbar zu einer Schwächung des Immunsystems. Die Lebenserwartung von Männchen ist daher meist niedriger als die der Weibchen. Bei Säugerweibchen kann Testosteron zu einer Maskulinisierung führen (siehe Tüpfelhyänen); bei *Homo-sapiens*-Frauen spielt es unter anderem für die Libido eine Rolle.

ungeschlechtliche Fortpflanzung: Fortpflanzung durch einfache Zellteilung; eine Ausbildung von Gameten und eine Zygotenbildung finden nicht statt. Beispiele sind Teilung und Sprossung.

väterliches Investment siehe Bateman-Prinzip

Vergewaltigung: Bei Säugetieren (zum Beispiel Delfine, Orang-Utan, Hermelin) und Vögeln (zum Beispiel Enten, Schneegänse) häufige Paarungsstrategie, bei der das Männchen das Weibchen gegen dessen Willen/Widerstand zum Sex zwingt (erzwungene Kopulation).

Viviparie: Wörtlich »Lebendgeburt«; die Nachkommen viviparer Arten entwickeln sich bis zur Geburtsreife im Mutterleib; dabei erfolgt die Ernährung während der Embryonalentwicklung in der Regel über ein spezielles Organ, die Plazenta (»Mutterkuchen«). Abgesehen von den eierlegenden Säugetieren (Schnabeltier, Schnabeligel) sind alle Säuger lebendgebärend (aber nicht alle Beuteltiere bilden eine Plazenta aus). Vögel legen allesamt Eier (nein, diesmal gibt es keine Ausnahme!), bei einigen Reptilien, Amphibien und Fischen ebenso wie bei Wirbellosen kommt hingegen manchmal Viviparie vor.

Wirt (Parasitismus): In der Umgangssprache verköstigt ein Wirt seinen Gast, der ihn dafür entlohnt. Beim Parasitismus ist es so, dass der Parasit es sich auf Kosten des Wirts gut gehen lässt, ohne eine

Gegenleistung zu erbringen. Meist geht es dabei um Nahrung, die der Parasit dem Wirt entzieht. Es kann aber auch um andere Ressourcen, zum Beispiel Vermehrung oder Verbreitung, gehen. In der Regel ist bei Tieren der Wirt deutlich größer als sein »Gast«.

W-Chromosom siehe Geschlechtszellen

X-Chromosom: weibliches Geschlechtschromosom

Y-Chromosom: männliches Geschlechtschromosom

Z-Chromosom siehe Geschlechtszellen

Zwischenwirt siehe Wirt

Zwitter: Tierischer Organismus mit funktionierenden männlichen und weiblichen Geschlechtsorganen (auch als Hermaphrodit bezeichnet, eine Zusammenziehung der griechischen Götter Hermes und Aphrodite). Funktionieren beide Geschlechtssysteme gleichzeitig (= simultan), können also gleichzeitig Eizellen und Spermien gebildet werden wie beim Regenwurm, fast allen Bandwürmern und vielen Schneckenarten, so spricht man von *Simultanzwittern*. Wenn sich im Lauf des Lebens beide Geschlechter erst nacheinander (konsekutiv) entwickeln, wie bei manchen marinen Knochenfischen, von *Konsekutivzwittern* (erst Männchen, dann Weibchen wie bei Anemonenfischen nennt man *Protandrie*; erst Weibchen, dann Männchen wie bei Lippfischen nennt man *Protogynie*).

Literatur

Zwei Geschlechter oder warum »Sex sells« auch für die Evolution gilt
Geschlechtsbestimmung

Bellott D et al.: Convergent evolution of chicken Z and human X chromosomes by expansion and gene acquisition. Nature 2010; 466: 612–616

Campbell H, Blanchard B: Ants. Princeton University Press, Princeton and Oxford, 2023

Mailho-Fontana PL et al.: Milk provisioning in oviparous caecilian amphibians. Science. 2024; 383: 1092–1095

Nagahama Y et al.: Sex determination, gonadal sex differentiation, and plasticity in vertebrate species. Physiological Reviews 2021; 101: 1237–1306

Picard MAL et al.: Diversity of modes of reproduction and sex determination systems in invertebrates, and the putative contribution of genetic conflict. Genes 2021; 12 (8): 1136; https://doi.org/10.3390/genes12081136

Ryder OA et al.: Facultative parthenogenesis in Californian Condors. Journal of Heredity 2021; 112: 569–574

Smith CA et al.: The avian Z-linked gene DMRT1 is required for male sex determination in the chicken. Nature 2009; 461: 267–271

Wei Y et al.: Viable offspring derived from single unfertilized mammalian oocytes. PNAS 2022; 119 (12): e2115248119

Wood BM et al.: Demographic and hormonal evidence for menopause in wild chimpanzees. Science 2023; 382 (6669): eadd5473

Young LC et al.: Successful same-sex pairing in Laysan albatross. Biological Letters 2008; 4: 323–325

Rotatorien/Stabheuschrecken

Gladyshev EA et al.: Massive horizontal gene transfer in Bdelloid Rotifers. Science 2008; 5880: 1210–1213

Jaron KS et al.: Convergent consequences of parthenogenesis on stick insect genomes. Science Advances 2022; https://www.science.org/doi/pdf/10.1126/sciadv.abg3842

Shmakova L et al.: A living bdelloid rotifer from 24,000-year-old Arctic permafrost. Current Biology 2021; 31: R712–R713

Dinosaurier

Black R: Everything you want to know about dinosaur sex. Smithonian Magazine 2011; https://www.smithsonianmag.com/science-nature/everything-you-wanted-to-know-about-dinosaur-sex-173015/

Schweitzer MH: Gender-specific reproductive tissue in ratites and *Tyrannosaurus rex*. Science 2005; 308: 1456–1460

Vidal D: Could sauropods perform a ›cloacal kiss‹? Evidence for mating capabilities from a virtual *Spinophorosaurus*. Abstract Book of the XVI Meeting of Young Researchers in Paleontology 2018; 111–114

Blattläuse

Brisson JA: Aphid wing dimorphisms: linking environmental and genetic control of trait variation. Philosophical Transactions of the Royal Society B: Biological Sciences 2010; 365: 605–616

Hales DF et al.: Lack of detectable genetic recombination on the X chromosome during the parthenogenetic production of female and male aphids. Genetics Research 2002; 79: 203–209

Simon JC et al.: Ecology and evolution of sex in aphids. Trends in Ecology & Evolution 2002; 17: 34–39

Yan S et al.: Reproductive polyphenism and its advantages in aphids: Switching between sexual and asexual reproduction. Journal of Integrative Agriculture 2020; 19: 1447–1457

Anglerfische

Isakov N: Histocompatibility and reproduction: lessons from the anglerfish. Life 2022; 12: 113; https://doi.org/10.3390/life12010113

Panda B: Enigma of the deep ocean solved. Science Reporter 2021; http://nopr.niscpr.res.in/bitstream/123456789/56059/1/SR%2058%282%29%2030-31.pdf

Swann JB et al.: The immunogenetics of sexual parasitism. Science 2020; 10.1126/science.aaz9445

Amazonen-Mollys
Costa GC, Schlupp I: Placing the hybrid origin of the asexual Amazon Molly *(Poecilia formosa)* based on historical clima data. Biological Journal of the Linnean Society 2020; 129: 835–843
Gösser F et al.: Red Queen revisited: Immune gene diversity and parasite load in the asexual *Poecilia formosa* versus ist sexual host species *P. mexicana*. PLOS ONE 2019; https://journals.plos.org/plosone/article?id=10.1371/journal.pone.0219000
Schlupp I: Biogeography of the Amazon molly, *Poecilia formosa*. Journal of Biogeography 2002; 29: 1–6
Schlupp I: Male mate choice in livebearing fishes: an overview. Current Zoology 2018; 64: 393–403
Warren WC et al.: Clonal polymorphism and high heterozygosity in the celibate genome of the Amazon molly. Nature Ecology & Evolution 2018; 2: 669–679

Paarungssysteme: wer mit wem und wie vielen?
Firman RC et al.: Postmating female control: 20 years of cryptic female choice. Trends in Ecology & Evolution 2017; 32: 368–382

Bonobos
Annicchiarico G et al.: Look at me while having sex! Eye-to-eye contact affects homosexual behaviour in bonobo females. Behaviour 2020; 157: 949–970
Cawthon-Lang KA: Primate Factsheets 2006: Bonobo *(Pan paniscus)*; https:primate.wisc.edu/primate-info-net/
Cenni C et al.: Do monkeys use sex toys? Evidence of stone tool-assisted masturbation in free ranging long-tailed macaques. Ethology 2022; 128: 632–646
De Waal: Bonobo sex and society. Scientific American 1995; 272 (3): 82–88
De Waal: Bonobos – Die zärtlichen Affen. Birkhäuser, Basel 1997
Sommer V: Bonobos – missverstandene Menschenaffen. SWR 2 2021

Tüpfelhyänen
Anonymus: Spotted hyena – sex determination. Genomia (ohne Jahr); https://www.genomia.cz/en/test/hyena/
Davidian E, Höner O: A king among queens. Frontiers in Ecology and the Environment 2021; 19: 573

Drea CM, Carter AN: Cooperative problem solving in a social carnivore. Animal Behaviour 2009; 78: 967–977

Glickman SE et al.: Mammalian sexual diffenreniation: lessons from the spotted hyena. Trends in Endocrinology & Metabolism 2006; 17: 349–356

Holekamp EK, Strauss ED: Reproduction within a hierarchical society from a female's perspective. Integrative and Comparative Biology 2020; 60: 753–764

McCormick SK et al.: Sex differences in spotted hyenas. Cold Spring Harbor Perspectives in Biology 2021; doi: 10.1101/cshperspect.a039180

Szykman M et al.: Courtship and mating in free-living spotted hyenas. Behaviour 2007; 144: 815–846

Nacktmulle

Buffenstein R et al.: The naked truth: a comprehensive clarification and classification of current ›myths‹ in naked mole-rat biology. Biological Reviews 2022; 97: 115–140

Faulkes CG, Abbott DH, Jarvis JU: Social suppression of ovarian cyclicity in captive and wild colonies of naked mole-rats, *Heterocephalus glaber*. Journal of Reproduction and Fertility 1990; 88: 559–568

Medger K: Stress in an underground empire. Biology Letters 2022; 18: 20220012; doi: 10.1098/rsbl.2022.0012

Pärchenegel

Beltran S et al.: Genetic dissimilarity between mates, but not male heterozygosity, Influences divorce in schistosomes. PLoS ONE 2008; 3: e3328; https://doi.org/10.1371/journal.pone.0003328

Beltran S et al.: Adult sex ratio affects divorce rate in the monogamous endoparasite *Schistosoma mansoni*. Behavioral Ecology and Sociobiology 2009; 63: 1363–1368; https://doi.org/10.1007/s00265-009-0757-y

Beltran S, Boissier J: Male-biased sex ratio: why and what consequences for the genus *Schistosoma*? Trends in Parasiotology 2010; 26: 63–69

Lu D-B et al.: Extended survival and reproductive potential of single-sex male and female *Schistosoma japonicum* within definitive hosts. International Journal for Parasitology 2021; 51: 887–891

Niehaus M, Pfuhl A: Die Psychotrojaner: Wie Parasiten uns steuern. Hirzel, Stuttgart 2022

Zimmer C: Even blood flukes get divorced. The Loom 2008; https://www.discovermagazine.com/health/even-blood-flukes-get-divorced#.V0TOmJErJhF

Fischbandwurm

DPDx: Dyphyllobothriasis. Centers for Disease Control and Prevention, letzte Aktualisierung 2019

Kuchta R et al.: *Diphyllobotrium, Diplogonoporus* and *Spirometra*. In Xiao L et al. (Hrsg.) Biology of Foodborne Diseases 2015, CCR press; 300–326

Lucius R, Loos-Frank B: Biologie von Parasiten. Springer 2008

Geschlechtswechsel

Black MP et al.: Reproduction in context: Field testing a laboratory model of socially controlled sex change in *Lythrypnus dalli* (Gilbert). Journal of Experimental Marine Biology and Ecology 2005; 318: 127–143

Dodd LD et al.: Active feminization of the preoptic area occurs independently of the gonads in *Amphiprion ocellaris*. Hormones and Behavior 2019; 112: 65–76

Kelley JL et al.: The genome of the self-fertilizing mangrove rivulus fish, *Kryptolebias marmoratus*: a model for studying phenotypic plasticity and adaptations to extreme environments. Genome biology and evolution 2016; 8: 2145–2154

Muñoz-Arroyo S et al.: The goby *Lythrypnus pulchellus* is a bi-directional sex changer. Environmental Biology of Fishes 2019; 102: 1377–1391

Nagahama Y et al.: Sex determination, gonadal sex differentiation, and plasticity in vertebrate species. Physiological Reviews 2021; 101: 1237–1306

Nakamura M et al.: Morphological and physiological studies on sex change in tropical fish: Sexual plasticity of the ovaries of hermaphroditic and gonochoristic fish. Galaxea. Journal of Coral Reef Studies 2022; 24: 5–17

Navara KJ: The truth about Nemo's dad: Sex-changing behaviors in fishes. In: Choosing Sexes. Fascinating Life Sciences. Springer 2018; https://doi.org/10.1007/978-3-319-71271-0_9

Peña J et al.: The evolution of egg trading in simultaneous hermaphrodites. The American Naturalist 2019; doi: 10.1086/707016

Rodgers EW et al.: Social status determines sexual phenotype in the bi-directional sex changing bluebanded goby *Lythrypnus dalli*. Journal of Fish Biology 2007; 70: 1660–1068

Seggenrohrsänger & Co.

Dyrcz A et al.: Male paternal success in the promiscuous Aquatic warbler *Acrocephalus paludicola* correlates with physical fitness and lack of blood parasites. AUK 2005; 122: 558–565

Dyrcz A et al.: Variability of multiple paternity in the Aquatic warbler, *Acrocephalus paludicola*. Journal of Ornithology 2002; 143: 430–439

Grinkov VG et al.: Understanding extra-pair mating behaviour: A case study of socially monogamous European Pied Flycatcher *(Ficedula hypoleuca)* in Western Siberia. Diversity 2022; 14: 283; https://doi.org/10.3390/d14040283

Holtmann B et al.: The association between personalities, alternative breeding strategies and reproductive success in dunnocks. Evolutionary Biology 2022; 35: 539–551

Odom KJ et al.: Female song is widespread and ancestral in songbirds. Nature Communications 2014; 5: 3379

Santos ESA, Nakagawa S: Breeding biology and variable mating system of a population of introduced dunnocks *(Prunella modularis)* in New Zealand. PLoS One 2013; 8: e69329

Santos ESA et al.: Conflict and cooperation over sex: the consequences of social and genetic polyandry for reproductive success in dunnocks. Journal of Animal Ecology 2015; 84: 1509–1519

Swatschek I et al.: Populationsgenetik und Vaterschaftsanalyse beim Eleonorenfalken *(Falco eleonorae)*. Journal für Ornithologie 1993; 134: 137–143

Swatschek I et al.: Mate fidelity and parentage in Cory's shearwater *(Calonectris diomedea)* – Field studies and DNA Fingerprinting. Molecular Ecology 1994; 3: 259–262

Wink M, Dyrcz A: Mating systems in birds: a review of molecular studies. Acta Ornithologica 1999; 34: 91–109

Laubenvogel

Endler JA et al.: Great bowerbirds create theaters with forced perspective when seen by their audience. Current Biology 2010; 20: 1679–1684

Kelley LA, Endler JA: Illusions promote mating success in great bowerbirds. Science 2012, 335: 335–338

Spezie G, Fusani L: Male–male associations in spotted bowerbirds *(Ptilonorhynchus maculatus)* exhibit attributes of courtship coalitions.

Behavioral Ecology and Sociobiology 2022; 76: 97; https://doi.org/10.1007/s00265-022-03200-x

Spezie G, Fusani L: Sneaky copulations by subordinate males suggest direct fitness benefits from male–male associations in spotted bowerbirds *(Ptilonorhynchus maculatus)*. Ethology 2023, 129: 55–61

Die Vaterschaft sichern: Spermienkonkurrenz

Amstislavsky S et al.: Delayed implantation combined with precocious sexual maturation in female offspring: a story of the stoat. Proceedings of III International Symposium on Embryonic Diapause 2019; doi: 10.1530/biosciprocs.10.014

Carvalho APS et al.: A review of the occurrence and diversity of the sphragis in butterflies (Lepidoptera, Papilionoidea). Zookeys 2017; 694: 41–70

Cawthon-Lang KA: Primate Factsheets 2006: Chimpanzee *(Pan)*; Gorillas *(Gorilla)*; Orangutan *(Pongo)*; https:primate.wisc.edu/primate-info-net/

Dixson A: Primate Sexuality. Oxford University Press 2013; https://www.researchgate.net/profile/Alan-Dixson/publication/279601540_Primate_Sexuality/links/559739da08ae99aa6

Dixson A, Mundy NI: Sexual behavior, sexual swelling, and penile evolution in chimpanzees *(Pan troglodytes)*. Archives of Sexual Behavior 1994; 23: 267–280

Doran-Sheehy DM et al.: The strategic use of sex in wild female western gorillas. American Journal of Primatology 2009; 71 (12): 1011–1020

Hassell JM et al.: Morbidity and mortality in infant mountain gorillas *(Gorilla beringei beringei)*: A 46-year retrospective review. American Journal of Primatology 2017; 79 (10): e22686

Morrison RE et al.: Social groups buffer maternal loss in mountain gorillas. eLife 2021; 10: e62939

Rosenbaum S et al.: Caring for infants is associated with increased reproductive success for male mountain gorillas. Scientific Reports 2018; 8: 15223

Thurman TJ et al.: Facultative pupal mating in *Heliconius erato*: implications for mate choice, female preferenc, and speciation. Ecology and Evolution 2018; 8: 182–189

Vlasanek P, Konvicka M: Sphragis in *Parnassius mnemosyne* (Lepidoptera: Papilionidae): male-derived insemination plugs loose efficiency with progress of female flight. Biologia 2009; 64: 1206–1211

Breitfußbeutelmäuse

Dobson FS. Live fast, die young, and win the sperm competition. PNAS 2013; 110: 17610-17611

Fisher DO et al.: Sperm competition drives the evolution of suicidal reproduction in mammals. PNAS 2013; 110 (44): 17910–17914

Milben

Elbadry EA, Tawfik MSF: Life cycle of the mite *Adactylidium* sp. (Acarina: Pyemotidae), a predator of thrips eggs in the United Arab Republic. Annals of the Entomological Society of America 1966; 59: 458–461

Gould SJ: Death Before Birth, or a Mite's Nunc Dimittis. In: The Panda's Thumb: More Reflections in Natural History. W. W. Norton & Company 1980; 69–75

Steinkraus DC, Cross EA: Description and life history of *Acarophenax mahunkai*, n. sp. (Acari, Tarsonemina: Acarophenacidae), an egg parasite of the Lesser Mealworm (Coleoptera: Tenebrionidae). Annals of the Entomological Society of America 1993; 86: 239–249

Interessenkonflikt der Geschlechter

Skorpionsfliege

Aumann N: Lebensgeschichte und Paarungssystem der Skorpionsfliege *Panorpa communis* L. (Mecorpa, Insecta). Dissertation Universität Bonn 2000

Spanische Fliege, Feuerkäfer, Bärenspinner

Dussourd D et al.: Pheromonal advertisement of a nuptial gift by a male moth *(Utetheisa ornatrix)*. PNAS 1991; 88: 9224–9227

Eisner T et al.; Chemical basis of courtship in a beetle *(Neopyrochroa flabellata)*: Cantharidin als »nuptial gift«. PNAS 1996; 93: 6499–6503

Eisner T: For Love of Insects. Belknap Harvard 2005

Eisner T et al.: Paternal investment in egg defense. In Hilker M, Meiners T (Hrsg.) Chemoecology of insect eggs and egg deposition. Wiley 2008

González A et al.: Sexually transmitted chemicakl defense in a moth *(Utetheisa ornatrix)*. PNAS 1999; 96: 5570–5574

Sierra JR et al.: Transfer of cantharidin (1) during copulation from the adult male to the female *Lytta vesicatoria* (›Spanish flies‹). Experientia 1976; 32: 142–144

Wink, M: Plant secondary metabolites modulate insect behavior – Steps toward addiction? Frontiers in Physiology 2018; 9: 364; doi: 10.3389/fphys.2018.00364

Wink, M: Quinolizidine and pyrrolizidine alkaloid chemical ecology – a mini-review on their similarities and differences. Journal of Chemical Ecology 2019; 45: 109–115; doi: 10.1007/s10886-018-1005-6

Sexueller Kannibalismus

Albo MJ et al.: Sexual selection, ecology, and evolution of nuptial gifts in spiders. In Sexual Selection, Academic Press 2013; 183–200

Barry KI et al.: Female praying mantids use sexual cannibalism as a foraging strategy to increase fecundity. Behavioral Ecology 2008; 19: 710–715

Biaggio MD et al.: Copulation with immature females increases male fitness in cannibalistic widow spiders. Biology Letters 2016; 12: 20160516

Brown WD, Barry KL: Sexual cannibalism increases male material investment in offspring: quantifying terminal reproductive effort in a praying mantis. Proceedings of the Royal Society B: Biological Sciences 2016; 283: 20160656

Chapman D et al.: The behavioural and genetic mating system of the sand tiger shark, *Carcharias taurus*, an intrauterine cannibal. Biology Letters 2013; 9: 20130003; doi:10.1098/rsbl.2013.0003

Darwin C: Sexual selection and the descent of man. London, Murray 1871

Toft S, Alba MJ: The shield effect: nuptial gifts protect males against pre-copulatory sexual cannibalism. Biology Letters 2016; 12: 20151082

Zhang S et al.: Male spiders avoid sexual cannibalism with a catapult mechanism. Current Biology 2022; 8: R354–355

Zuk M: Mates with benefits: when and how sexual cannibalism is adaptive. Current Biology 2016; 26: R1230–1232R

Penisfechten

Chim CK et al.: Penis fencing, spawning, parental care and embryonic development in the cotylean flatworm *Pseudoceros indicus*

(Platyhelminthes: Polycladida: Pseudocerotidae) from Singapore. Raffles Bulletin of Zoology 2015; Suppl. 31: 60–67

Langegger-Weinbauer C, von Salwini-Plawen L: Anatomical redescription of two species of Philinoglossidae (Gastropoda, Cephalaspidea). München, Spixiania 2013

Michiels NK, Bakovski B: Sperm trading in a hermaphroditic flatworm: reluctant fathers and sexy mothers. Animal Behaviour 2000; 59: 319–325

Michiels N, Newman, L: Sex and violence in hermaphrodites. Nature 1998; 391; https://doi.org/10.1038/35527

Munson A, Sankaran M: Penis fencing in flatworms. Biology 2010; 342; https://www.reed.edu/biology/professors/srenn/pages/teaching/web_2010/AmeliaMegana2/Mechanism.html

Seepferdchen

Anonymus: The biology of seahorses. The Seahorse Project, ohne Jahr; https://web.archive.org/web/20090303051206/http://seahorse.fisheries.ubc.ca/biology5.html

Holt WV et al.: Sperm transport and male pregnancy in seahorses: an unusual model for reproductive science. Animal Reproduction Science 2021; https://doi.org/10.1016/j.anireprosci.2021.106854

Milius S: Pregnant – and still macho. Sciences News Online 2000; https://ase.tufts.edu/biology/labs/lewis/news/articles/2000ScienceNews.pdf

Erdkröten

Oswald P et al.: Love is blind: interspecific amplexus of two anuran species, the Common Toad *(Bufo bufo)* and the Common Frog *(Rana temporaria)*, with European Fire Salamanders *(Salamandra salamandra terrestris)*. Herpetology Notes 2022; 15: 811–815

Bettwanze

Reinhardt K, Siva-Jothy MT: Biology of the bed bugs (Cimicidae). Annual Review of Entomology 2007; 52: 351–374

Reinhardt K et al.: Female-limited polymorphism in the copulatory organ of a traumatically inseminating insect. American Naturalist 2007: 170: 931–935

Siva-Jothy MT: Trauma, disease and collateral damage: conflict in cimicids. Philosophical Transactions B 2006: 361: 269–275

Siva-Jothy MT et al.: Female bed bugs *(Cimex lectularius* L) anticipate the immunological consequences of traumatic insemination via feeding cues. PNAS 2019; 16: 14682–14687

Stutt AD, Siva-Joth MT: Traumatic insemination and sexual conflict in the bed bug *Cimex lectularius*. PNAS 2001; 58: 5683–5697

Löwen

Chakrabarti S, Jhala VY: Battle of the sexes: a multi-male mating strategy helps lionesses win the gender war of fitness. Behavioral Ecology 2019; 30: 1050–1061

Schaller GB: The Serengeti Lion: a study of predator-prey relations. University of Chicago Press 1972

Sex bizarre

Papierboot

Battaglia P et al.: When nature continues to surprise us: observations of the hectocotylus of *Argonauta argo*, Lineaeus 1758. Journal of Zoology 2021; 88: 980–986

Panzerwels

Kohda M et al.: Sperm drinking by female catfisches: a novel mode auf insemination. Environmental Biology of Fishes 1995; 42: 1–6

Staubläuse

Hollier J, Hollier A: The retired taxonomist and the gynosome – the discovery of the female penis. Antenna 2020; 44: 122–125

Yoshizawa K et al.: Female penis, male vagina, and their correlated evolution in a cave insect. Current Biology 2014; http://dx.doi.org/10.1016/j.cub.2014.03.022

Yoshizawa K et al.: A biological switching valve evolved in the female of a sex-role reversed cave insect to receive multiple seminal packages. Elife 7, 2018: e39563

Wolbachia

Jiggins FM et al.: Sex ratio distortion in *Acraea encedon* (Lepidoptera: Nymphalidae) is caused by a male-killing bacterium. Heredity 1998; 81: 87–91

Jiggins FM et al.: High prevalence male-killing *Wolbachia* in the butterfly *Acraea encedana*. Journal of Evolutionary Biology 2000; 13: 495–501

Jiggins FM et al.: Sex-ratio-distorting *Wolbachia* causes sex-role reversal in its butterfly host. Proceedings of the Royal Society of London B 2000; 267: 69–73

Lawrence E: Sex-crazy butterfly swarms. Nature 2000; doi: 10.1038/news00120-6

Toxoplasma

Niehaus M, Pfuhl A: Die Psychotrojaner: Wie Parasiten uns steuern. Hirzel 2021

Vyas A: Parasite-augmented mate-choice and reduction of innate fear in rats infected with *Toxoplasma gondi*. Journal of Experimental Biology 2013; 216: 120–126

Glühwürmchen

Eisner T et al.: Firefly »femmes fatales« acquire defensive steroids (lucibufagins) from their firefly prey. Proceedings of the National Academy of Science USA 1997; 94: 9723–9728

Eisner T: For Love of Insects. Belknap Press 2003

Lloyd JE: Occurrence of aggressive mimicry in fireflies. Florida Entomologist 1984; 67: 368–376

Epilog: Der Coolidge-Effekt und der Reiz des Seitensprungs

Allen M: Individual copulatory preference and the »strange female effect« in a captive group-living male chimpanzee *(Pan troglodytes)*. Primates 1981; 22: 221–236

Fiorino DF et al.: Dynamic changes in nucleus accumbens dopamine efflux during the Coolidge effect in male rats. The Journal of Neuroscience 1997; 17: 4849–4855

Hughes SM et al.: Experimental evidence for sex differences in sexual variety preferences: Support for the Coolidge effect in humans. Archives of Sexual Behavior 2020; 50: 495–509

Koene JM, Ter Maat A: Coolidge effect in pond snails: male motivation in a simultaneous hermaphrodite. BMC Evolutionary Biology 2007; 7: 212; https://doi.org/10.1186/1471-2148-7-212

Literatur allgemein

Birkhead T: The Wisdom of Birds. An illustrated History of Ornithology. Bloomsbury, London 2008

Birkhead T: Birds and Us. Penguin Random House, Dublin 2022

Birkhead T: The Most Perfect Thing. Inside (and Outside) a Bird's Egg. Bloomsbury, London 2016

Birkhead T et al.: Ten Thousand Birds. Ornithology since Darwin. Priceton University Press, Princeton, Oxford 2014

Cooke L: Bitch. Piper-Verlag, München 2023

Darwin C: Die Abstammung des Menschen und die geschlechtliche Zuchtwahl (The Descent of Man: Selection in Relation to Sex). John Murray, London 1871

Diamond J: Why is Sex Fun? Evolution of human sexuality. Basic Books, New York 1997

Eibl-Eibesfeldt I: Liebe und Haß. Zur Naturgeschichte elementarer Verhaltensweisen. R. Piper & Co Verlag München 1970

Eibl-Eibesfeldt I: Grundriß der vergleichenden Verhaltensforschung. 3. Aufl., R. Piper & Co Verlag München 1972

Fairbairn, D: Odd couples. Extraordinary differences between the sexes in the animal kingdom. Princeton University Press, Princeton 2013

Judson O: Dr Tatiana's sex advice to all creations. Metropolitan Books, New York 2002 (deutsch: Die raffinierten Sexualpraktiken der Tiere. Heyne 2003)

Lorenz K, Leyhausen P: Antriebe tierischen und menschliches Verhaltens. R. Piper & Co Verlag München 1969

Meyer A: Adams Apfel und Evas Erbe. Wie die Gene unser Leben bestimmen und warum Frauen anders sind als Männer. Bertelsmann Verlag München 2015

Pinker S: The Sexual Paradox. Troubled boys, gifted girls and the real difference between the sexes. Atlantic Books, London 2008

Prum RO: The Evolution of Beauty. Doubleday, New York 2017

Ryan C, Jethá C: Sex at dawn – How we mate, why we stray, and what it means for modern relationships. Harper Collins, New York 2010

Suter W: Ökologie der Wirbeltiere. Vögel und Säugetiere. Haupt Verlag, Bern 2017

Wilson EO: On Human Nature. Penguin books, London 1978

Wilson EO: The Social Conquest of Earth. W.W. Norton, New York 2012

Wink M: Sex als Motor. Warum es zwei Geschlechter gibt. In FRAU und MANN; Forschungsmagazin Ruperto Carola, 2017; 10: 32–39

Anmerkungen

1 Ein Beispiel sind die »Schwurjungfrauen«, die Burmeshas, im traditionellen Albanien. Sie schwören einem Leben als Frau ab – zum Beispiel um einer ungewollten Ehe zu entkommen – und leben fortan ohne sexuelle Beziehungen als Mann. Sie schneiden ihre Haare kurz, tragen Männerkleidung, ändern ihr Verhalten (Rauchen, Waffen tragen) und werden von der Gemeinschaft fortan als Männer behandelt – die Burmeshas haben eindeutig ihr soziales Geschlecht gewandelt, nicht jedoch ihr biologisches Geschlecht.
2 Von dem britischen Soziologen Herbert Spencer wurde die natürliche Auslese als »survival of the fittest« zusammengefasst. In der Übersetzung als »Überleben des Stärkeren« wurde dies zum Leitspruch für den Sozialdarwinismus. Diese Vereinfachung ist jedoch falsch, denn wie Darwin zu Recht betonte, geht es bei der Selektion um den Fortpflanzungserfolg eines Individuums und nicht um das Überleben des Stärkeren.
3 Wie fast immer in der Biologie gibt es Ausnahmen, bei denen die Männchen ihre Brut unmittelbar nach der Befruchtung übernehmen und bewachen, zum Beispiel bei Geburtshelferkröte, Stichling und Seepferdchen.
4 Obwohl die sexuellen Aktivitäten einer sexuell besonders aktiven und diversen Tierart, nämlich von *Homo sapiens*, ein reizvolles und ergiebiges Thema sind, würde eine ausführliche Erörterung den Rahmen dieses Buches sprengen. Bei der Beschreibung der Sozialsysteme der mit uns nah verwandten Menschenaffen gibt es jedoch viele Bezüge zum Menschen. Das Genom der Säugetiere (und auch unseres) umfasst ca. 3,3 Milliarden Basenpaare. Individuen einer Art unterscheiden sich in ihrer DNA (wenn sie keine Klone sind), das heißt, jedes Individuum ist genetisch einmalig. So unterscheiden sich zwei unverwandte Menschen durch rund drei Millionen Basenpaare voneinander. Die genetische Distanz zu unseren nächsten Verwandten, den Menschenaffen, ist etwas größer; sie beträgt immerhin 30 bis 60 Millionen Basenpaare.
5 Amöben zählen zu den Einzellern (Protozoa).

6 Eine geschlechtliche Fortpflanzung findet man bei 26 von 31 Tierstämmen (Gliedertiere, Wirbeltiere). Nur Vertreter von fünf Stämmen vermehren sich ungeschlechtlich; sie umfassen lediglich 0,16 Prozent aller lebenden Tierarten.
7 Bis auf einen wirklich bizarren Typus, der zum Beispiel gelegentlich bei Hühnern auftritt: Da ist die eine Körperhälfte männlich, die andere weiblich. Bei diesen Chimären reagieren die Zellen der einen Körperseite offenbar anders auf den körpereigenen Hormoncocktail als die Zellen der anderen Seite. Das heißt, die Körperzellen dieser Vögel besitzen eine autonome Geschlechtsidentität.
8 Na ja, natürlich gibt es wieder eine Ausnahme: Beim Schnabeltier, einem eierlegenden Säuger, haben die Weibchen fünf Paar X-Chromosomen, die Männchen fünf Paar XY-Chromosomen. Und dann gibt es da noch eine Wühlmaus (*Microtus oregoni*), die völlig aus der Reihe tanzt ... aber das führt jetzt wirklich zu weit!
9 Beim Mensch besteht das weibliche Geschlechtschromosom aus 1555 Millionen Basenpaaren. Es trägt 1700 Gene, darunter 816 proteinkodierende Gene. Frauen besitzen 2 X-Chromosomen. In den somatischen Zellen wird jedoch eines der beiden X-Chromosomen abgeschaltet (Xi) und als Bar-Körperchen sichtbar. Diese Inaktivierung soll den Körper vor einer doppelten Gendosis schützen. Da die Abschaltung in den einzelnen Zelllinien klonal erfolgt, bildet sich ein Mosaik aus (Mosaizismus). Das kann man zum Beispiel bei Schildpattkatzen gut erkennen.
10 Das männliche Geschlechtschromosom wurde erst 1969 genauer definiert und erst 2013 sequenziert. Es trägt nur ca. 80 proteinkodierende Gene und 70 nichtkodierende RNA-Gene. Bei Säugetieren führt seine Präsenz zu Männchen, seine Abwesenheit oder Inaktivierung zu Weibchen. Auf dem Y-Chromosom werden auch die Androgen-Rezeptor-Gene kodiert; wenn diese inaktiviert sind, ist Testosteron physiologisch inaktiv und trotz XY-Genotyp entwickelt sich ein weiblicher Phänotyp (*androgen insensitivity syndrom*, AIS). Beim Menschen führt diese Anomalie bei starker Ausprägung zu einer Feminisierung.
11 Gentechnische Methoden (CRISPR-Cas) haben israelische Forscher um Yuval Cinnamon am Volcani-Institut bei Tel Aviv genutzt, um ein Verfahren zu entwickeln, das das massenhafte Töten (Culling) männlicher Küken in Legebatterien nach dem Schlüpfen in Zukunft beenden könn-

te. Durch Genediting veränderte sein Team das Z-Chromosom von Hennen. Das neue Z*-Chromosom zeichnet sich dadurch aus, dass es die Embryonalentwicklung stoppt, wenn das befruchtete Ei ein paar Stunden lang mit Blaulicht bestrahlt wird. Und das funktioniert so: Aus einem Ei, das ein W von der Henne sowie ein Z vom Hahn erhält und mit Blaulicht bestrahlt wird, schlüpft ein ganz normales WZ-Weibchen, das seinerseits ganz normale Eier legt. Ein Ei, das von der Henne ein Z* und vom Hahn ein Z erhält, entwickelt sich, wenn der genetische Killerschalter durch die Blaulichtbestrahlung aktiert wird, hingegen nicht weiter: Der Z*Z-Embryo stirbt ab. Damit könnte das milliardenfache Umbringen männlicher Küken ein Ende finden.

12 Kann die Umwelt das Geschlechterverhältnis bei Vögeln und Säugetieren steuern? Theoretisch unterscheidet man das primäre Geschlechterverhältnis, das im Zygotenstadium vorliegt, vom sekundären Geschlechterverhältnis, das sich nach erst nach der Geburt und Jugendentwicklung einstellt. Bei den meisten Tierarten ist das Geschlechterverhältnis der Nachkommen bei Geburt ausgeglichen, das heißt, es gibt 50 Prozent Männchen und 50 Prozent Weibchen. Häufig sind es Selektionsfaktoren nach der Geburt oder während der Jugendentwicklung, die das sekundäre Geschlechterverhältnis beeinflussen. Beispielsweise kann es Unterschiede in der Fitness der Geschlechter geben, sodass ein Geschlecht bevorzugt überlebt. Besteht die Möglichkeit, dass ein Weibchen das Geschlecht seiner Kinder selbst bestimmt? Man nimmt an, dass Hormone und auch der Blutzuckergehalt des trächtigen Weibchens eine Rolle dabei spielen, ob die männlichen Föten überleben; dies würde das primäre Geschlechterverhältnis beeinflussen.

13 Außerdem würde die Partnersuche deutlich komplizierter und aufwendiger, wenn drei oder mehr Geschlechter existieren würden. Es gibt noch ein weiteres Argument für ein binäres System: Unsere Zellen enthalten Mitochondrien (darin wird ATP als Kraftstoff produziert). Mitochondrien waren ursprünglich alpha-Proteobakterien, die durch Endosymbiose in die eukaryonte Urzelle vor rund 1,8 Milliarden Jahren aufgenommen wurden. Im Verlauf der Endosymbiose haben Mitochondrien den Großteil ihrer Gene in das Genom der Urzelle überführt. Bei der Gametenbildung werden die Mitochondrien sortiert und landen ausschließlich in den Eizellen, während die Spermien keine Mitochondrien

haben. Man vermutet, dass dieser Sachverhalt zu Kompatibilitätsproblemen führen könnte, wenn es mehr als zwei Geschlechter geben würde. Es gibt eine Ausnahme: Bei den Schleimpilzen existieren mehr als zwei Geschlechter – mehrere Geschlechter sind demnach möglich. Schleimpilze haben jedoch Gene, die dazu führen, dass nur die Mitochondrien in einem Gameten überleben können und nicht in allen.

14 In der frühen Embryonalentwicklung führt die Aktivierung des SRY-Gens auf dem Y-Chromosom von Säugern zur Ausbildung von Hoden, die dann noch im Embryonalstadium Testosteron bilden, das den erwachsenen männlichen Phänotyp prägt. Testosteron steigert auch den Geschlechtstrieb bei den Männchen; bei den Weibchen kommt neben Testosteron zur Libido noch das Östrogen hinzu. Testosteron steuert nicht nur die Ausbildung der primären und sekundären Geschlechtsorgane, sondern beeinflusst auch das Verhalten. Es fördert Ausdauer, Muskelkraft, Aggression, Risikobereitschaft und schwächt das Immunsystem. Dies wirkt sich auf die Lebenserwartung aus. Nicht von ungefähr kommen viele Männchen in jungen Jahren ums Leben, und die Lebenserwartung von Männern ist geringer als die der Frauen.

15 Permanent im Körperinneren liegen die Hoden bei männlichen Kloakentieren, Elefanten, Schliefern, Seekühen, Faultieren, Ameisenbären und Walen. Bei Fledertieren, Spitzmäusen, Maulwürfen und einigen Nagetieren wandern die Hoden nur während der Paarungszeit nach außen.

16 Anstelle eines richtigen Penis weisen viele Vogelarten einen Penis nonprotrudens auf, der in Form von kleinen Vorstülpungen an der Kloake sicht- und tastbar ist (beim Beringen nutzt man dieses Merkmal, um Männchen zu erkennen, wenn man einen Vogel in der Hand hält). Über den Penis non-protrudens wird die Samenflüssigkeit bei der Paarung übertragen. Vogelarten, die häufig kopulieren, weisen oft eine große Kloakenvorstülpung auf, das heißt, bei der polygamen Heckenbraunelle ist sie groß, beim monogamen Gimpel dagegen sehr klein.

17 Spezialbildungen wie Penisknochen (Baculum) fehlen bei *Homo sapiens*, Elefanten, Pferden und Walen, sind aber bei anderen Primaten, Nagern (Rodentia), Insektenfressern (Insectivora), Raubtieren (Carnivora) und Fledertieren (Chiroptera) verbreitet. Es wurde von anatomisch gebildeten Theologen sogar ernsthaft debattiert, dass das Fehlen des Penis-

knochens beim Menschen darauf beruht, dass Gott Eva aus einer Rippe von Adam geschaffen haben soll. Nur soll es eben keine Rippe, sondern der Penisknochen gewesen sein.

18 Interessanterweise wissen wir nicht genau, welche Tiere einen Orgasmus haben. Bei Menschenaffen, anderen Primaten und Schlangen ist er nachgewiesen. Der Vogelkenner Oskar Heinroth, der viele Vögel aufgezogen und beobachtet hatte, war der Meinung, dass auch Vögel einen Orgasmus kennen. Er hielt 1933 vor Frauenärzten sogar einen Vortrag »Orgasmus bei Vögeln« und vertrat die Meinung, dass beide Geschlechter Libido, Lust und Orgasmus erleben. Bei vielen Tieren kann man eine sexuelle Erregung bei der Kopulation beobachten; nach menschlichem Ermessen deutet dies darauf hin, dass sie den Akt genießen und Spaß daran haben, also dass sie einen Orgasmus erleben.

19 Die Frage, ob Männer oder Frauen mehr Spaß am Sex haben, hat schon die alten Griechen umgetrieben. Der antike Schriftsteller Hesiod berichtet, dass Zeus und Hera dieses Thema intensiv diskutierten. Da sie sich nicht einigen konnten, fragten sie Teiresias. Er galt als besonders sachkundig, denn er kannte beide Geschlechter aus eigener Erfahrung. Er wurde als Mann geboren (und sollte daher die männliche Natur kennen). Als er bei einem Spaziergang ein Schlangenpaar traf, störte er es bei der Kopulation. Als Strafe wurde er daraufhin in eine Frau umgewandelt; er heiratete und hatte mehrere Kinder. Daher sollte er die Gefühle einer Frau genau kennen. Später störte Teiresias wieder ein kopulierendes Schlangenpaar, daraufhin wurde sie wieder zum Mann (war er ein sequenzieller Hermaphrodit?). Teiresias kannte demnach die orgiastischen Empfindungen beider Geschlechter aus persönlicher Sicht und meinte: Frauen haben neunmal mehr Spaß am Sex als Männer. Hera gefiel diese Aussage nicht, und sie blendete Teiresias daraufhin. Als Ausgleich verlieh Zeus ihm die Gabe des Sehers.

20 Das Kopulationsverhalten ist offenbar angeboren, wie Beobachtungen an Ratten, Meerschweinchen, Goldhamstern und Feldhamstern zeigen, die isoliert aufgezogen wurden (Kaspar-Hauser-Versuch). Die Männchen anderer Arten scheinen grundsätzlich zu wissen, dass zur Paarung ein Weibchen notwendig ist; allerdings müssen zum Beispiel Rhesusaffen und Schimpansen, die isoliert in Gefangenschaft aufgezogen wurden, manchmal noch lernen, wie man's richtig macht. Bei Iltissen

ergreift das Männchen normalerweise ein paarungswilliges Weibchen im Nacken; dies führt zu einer Art Immobilisierung des Weibchens. Diese Verhaltensweise müssen junge Iltismännchen erlernen. Also auch für das Sexualverhalten gilt, dass Genetik und Umwelt eine Rolle spielen und Übung den Meister macht.

21 Werden Stockentenmännchen alleine aufgezogen, versuchen sie sich mit beiden Geschlechtern anderer Entenarten zu paaren, was sie nicht tun würden, wenn sie von einer Stockentenmutter aufgezogen worden wären. Interessanterweise werden Jungkuckucke sexuell nicht auf die Wirtsvogelart geprägt, sondern paaren sich nur mit ihresgleichen.

22 Bei den Menschenaffen hat man genauer hingeschaut: Während die Kopulation bei Schimpansen und Bonobos durchschnittlich nur 7 bis 15 Sekunden dauert, sind es schon 60 Sekunden beim Gorilla, 470 Sekunden bei *Homo sapiens* und sogar 900 Sekunden beim Orang-Utan.

23 Bei Schimpansen wurde eine Variante beobachtet: Manchmal sondert sich ein Männchen mit einem Weibchen ab, solange dieses empfänglich ist. Durch die Monopolisierung und räumliche Trennung soll Fremdgehen unterbunden werden; aus Schamgefühl geschieht dies wohl nicht.

24 Bei einigen Säugetieren fallen die Paarungs- und Tragzeit in eine ernährungsmäßig eher ungünstige Jahreszeit. Bei Arten mit großen Körperreserven spielt dies keine Rolle, da die Weibchen auf Reservenährstoffe zurückgreifen können, um Milch zu bilden. Bei Arten ohne Reserven gibt es eine Keimruhe: Die befruchtete Eizelle entwickelt sich erst weiter, wenn optimale Ernährungsbedingungen herrschen. Keimruhe kennt man von Gürteltieren, Robben, Bären, Wieselartigen, Reh, Fledermäusen und anderen Insektenfressern. Bei Huftieren in den Tropen ist die Setzzeit mit dem Austreiben der Vegetation zu Beginn der Regenzeit koordiniert. Ganzjährige sexuelle Aktivität ist ein besonderes Merkmal von uns Menschen, tritt aber auch bei vielen Haustieren (Schweine, Hühner) auf, die durch Domestikation auf eine größere Nachwuchsproduktion ausgelesen wurden. Konrad Lorenz sprach von der Hypersexualisierung der Haustiere und provokant von der »Verhausschweinung« des Menschen.

25 Eine kurze Adult-Lebenszeit ist auch für viele Insekten typisch, deren Larven manchmal mehrere Jahre lang heranwachsen. Man denke an

unseren Maikäfer, dessen Engerlinge bis vier Jahre im Boden verbringen. Die im April und Mai geschlüpften Käfer leben nur vier bis sieben Wochen; sie schwärmen und suchen einen Partner. Die Männchen sterben nach der Begattung, die Weibchen nach der Eiablage. Daher sieht man im Spätsommer meist keine Maikäfer mehr. Noch kürzer leben die Eintagsfliegen, deren Leben als adulte Insekten nur wenige Tage dauert und ausschließlich dazu dient, einen Partner zu finden und sich fortzupflanzen.

26 Junglachse wandern aus ihren Geburtsgewässern ins Meer, wo sie im Lauf mehrerer Jahre heranwachsen. Als erwachsene Fische zieht es sie zurück zu ihren Geburtsgewässern, wo sich die fortpflanzungsbereiten Geschlechter treffen. Die Lachsweibchen laichen ab, und die Männchen befruchten die Eier durch ins Wasser abgegebene Spermien. Viele Eizellen bleiben unbefruchtet und gehen rasch zugrunde. Die befruchteten Eier durchlaufen eine schnelle Embryonalentwicklung, bis die Jungfische schlüpfen. Sie sind auf sich alleine gestellt, da die Eltern nach dem Laichen sterben.

27 Laysanalbatrosse zählen zu den monogamen Vogelarten; zur Aufzucht eines Jungvogels sind zwei Elternvögel notwendig. In der Brutkolonie Kaena Point (Hawaii) fand man in einigen Nestern zwei Eier, obwohl Albatrosse nur ein einziges Ei legen. DNA-Untersuchungen zeigten, dass die beiden Eier von zwei Albatrosweibchen stammten, die das Gelege gemeinsam betreuten. In dieser Kolonie waren rund ein Drittel aller Paare gleichgeschlechtlich, also lesbisch.

28 Was könnte der evolutionäre Sinn der Menopause beim Menschen sein? Damit Kinder solange versorgt werden, bis sie selbst eine Familie gründen, sollten Frauen mit der Produktion eigener Kinder rechtzeitig, das heißt spätestens 20 Jahre nach Geburt des letzten Kindes aufhören. Besser den vorhandenen Nachwuchs erfolgreich aufziehen als noch mehr Kinder in die Welt setzen, die dann eventuell nicht versorgt werden können. Dies ist etwa der Zeitpunkt der Menopause. Danach bleibt den Frauen Zeit zur Aufzucht der eigenen Kinder und zur Unterstützung der Enkelgeneration. Aus evolutionärer Sichtweise kann eine Frau so ihre inklusive Fitness (Gesamtfitness) verbessern (da ihre Gene von den Enkeln weitergegeben werden). Eine weitere wichtige Funktion der vergleichsweisen hohen Lebenserwartung der Menschen liegt darin, dass

alte Menschen über ein großes Wissen und Erfahrung verfügen und diese an die Nachkommen weitergeben können. Das klappt aber nur bei *Homo sapiens*, der als einzige Tierart über eine differenzierte Sprache verfügt und Erfahrungen durch Klatsch und Tratsch tradieren kann.

29 Unsere einheimischen Schnecken sind Zwitter. Kopulierende Weinbergschnecken (*Helix pomatia*) bilden ein festes Paar, das sich jeweils mit der Unterseite (dem Fuß) aneinanderschmiegt. Dann schießen sie Liebespfeile ab, die gegenseitig ihre Haut durchbohren. Diese Liebespfeile enthalten ein Sekret. Es bewirkt im weiblichen Teil der Schnecken, dass das Sperma nicht sofort abgebaut, sondern in speziellen Speichern aufbewahrt wird. Dadurch sichern die Weinbergschnecken gegenseitig ihre Vaterschaft.

30 Bei Zebrafinken gibt es in sehr seltenen Ausnahmefällen Individuen, die auf der einen Körperhälfte das Federkleid eines Männchens, auf der anderen das eines Weibchens aufweisen (»Halbseitengynander«). Ein solcher Zebrafink verhielt sich nach einer Studie wie ein Männchen, sang normal und gründete eine Familie, die Eier blieben jedoch unbefruchtet. Bei der Obduktion zeigte sich, dass sich in seiner linken Körperhälfte ein Eierstock, in der rechten hingegen Hoden befanden, die sogar Sperma produzierten.

31 Bei Vögeln kennt man auch die extrem seltene Situation, dass sich das Geschlecht eines Individuums im Verlauf des Lebens wandeln kann, das Tier also letztlich zum sequenziellen Zwitter wird. Berühmt wurde ein eierlegender Hahn, der 1474 in Basel öffentlich hingerichtet wurde. Ein anderes Huhn legte drei Jahre lang Eier, verwandelte sich danach jedoch in einen Hahn, der sogar erfolgreich Nachwuchs produzierte. Hühner wechseln vom weiblichen zum männlichen Phänotyp nach einer Tumorerkrankung in den Eierstöcken oder wenn man ihnen diese entfernt. Der Grund liegt im Fehlen von Östrogen nach Ausfall der Ovarien. Eine solche Umwandlung des Phänotyps kennt man vor allem von Hühnervögeln, bei denen der Phänotyp über Sexualhormone determiniert wird. Tim Birkhead illustrierte den Sachverhalt mit einem politisch nicht korrekten Zitat: »A whistling woman and a crowing hen, are neither good for God nor men.«

32 Die Parthenogenese gilt als »geschlechtliche Fortpflanzung«, weil hier anders als bei einer ungeschlechtlichen Vermehrung, wie der einfachen Zweiteilung, Geschlechtszellen – Eier – gebildet werden.

33 Eine Parthenogenese kann man bei einigen Arten auch experimentell einleiten: Wirft man die Eier der Seidenraupe in heißes Wasser, dann bilden sie spontan Embryonen, ohne vorher befruchtet zu werden. Ähnliches passiert, wenn man die unbefruchteten Eier von Fröschen und Kröten mechanisch durch Anpicken verletzt.

34 Auch bei Waranweibchen im Zoo wurde Parthenogenese nachgewiesen. Sie hatten in ihrem Leben definitiv noch kein Männchen gesehen, legten aber dennoch Eier, aus denen rein männlicher Nachwuchs schlüpfte. Bei geschlechtlicher Fortpflanzung würden Männchen und Weibchen produziert.

35 Die asiatische Räuberameise (*Ooceraea biroi*) pflanzt sich rein parthenogentisch fort; die Art hat keine Königin, sondern alle Weibchen produzieren synchron Nachkommen.

36 Es sei darauf hingewiesen, dass die Parthenogenese im angelsächsischen Sprachraum als »asexuelle« Fortpflanzung bezeichnet wird, weil nur ein Geschlecht daran beteiligt ist, in deutschsprachigen Lehrbüchern hingegen als »eingeschlechtliche« (also sexuelle) Fortpflanzung gilt, weil Geschlechtszellen (Eizellen) ausgebildet werden. Wir entschuldigen uns für diese babylonische Sprachverwirrung, die in jeder neuen Biologiestudierendengeneration für Missverständnisse sorgt.

37 Da alle Nachkommen aus unbefruchteten Eiern stammen, handelt es sich um eine Jungfernzeugung (Parthenogenese), allerdings sind noch Spermien als Entwicklungsreiz nötig, ohne dass die Erbinformation, die in diesen Spermien steckt, in das Genom des Nachwuchses einginge. Diese Sonderform wird als Gynogenese bezeichnet.

38 Um sich fortzupflanzen, können zwei getrennte Geschlechter auf verschiedene Weise zusammenkommen, und die Art des Paarungssystems hat großen Einfluss auf Körperbau, Verhalten und die unterschiedlichen Kosten, die für Männchen und Weibchen bei der Fortpflanzung anfallen. Es geht um eine Abwägung zwischen Investition und Überlebenswahrscheinlichkeit. Kooperation und Konflikte zwischen den Geschlechtern sowie innerhalb ein und desselben Ge-

schlechts gehören zu den Triebkräften bei der Evolution verschiedener Paarungssysteme.

39 Bei den zehn Prozent der Vögel, die nicht monogam leben, finden wir viele Arten, die sich vegetarisch ernähren und deren Nachkommen Nestflüchter sind, die selbst aktiv Nahrung suchen können. Hier sind die Männchen nach der Zeugung nicht mehr so wichtig. Die Betreuung und Aufzucht kann bei diesen Arten ein Weibchen auch als »alleinerziehende Mutter« leisten.

40 Dabei kannte er die Beobachtung von Aristoteles, dass der Nachwuchs einer Henne meist dem Hahn ähnelt, der sie zuletzt begattet hatte. Um 1790 schrieb William Smellie über das Haushuhn: »The dunghill cock and hen, in a natural state, pair. In the domestic state, however, the cock is a jealous tyrant, and the hen a prostitute.« Aber Darwin war auch nur ein Sohn seiner Zeit. Im viktorianischen Zeitalter war das Thema Sex tabu, erst recht das Thema der weiblichen Untreue. Außerdem sorgte er sich um den Seelenfrieden seiner Tochter Etty, die bei der Korrektur der Druckfahnen des Buchs »Descent of Men« half. Es wird spekuliert, dass er deshalb das Thema der weiblichen Promiskuität vermied. Die Natur sollte als Vorbild für menschliche Moral dienen. Etty hat offenbar bei der Fahnenkorrektur etliche Stellen, die für sie unanständig klangen, gestrichen. Angeblich entfernte sie im Darwin-Garten von Down House alle Stinkmorcheln, die sie zu sehr an einen erigierten Phallus erinnerten. Die Hausmädchen sollten so etwas nicht zu Gesicht bekommen.

41 Termiten sind zwar eusozial, doch die Arbeiter des Staates setzen sich aus Männchen und Weibchen zusammen, die sich aus befruchteten Eiern entwickeln und dementsprechend diploid sind.

42 Unsere Vorfahren, die viele Hunderttausend Jahre als Jäger und Sammler lebten, hatten wahrscheinlich eine eher egalitäre Sozialstruktur. Es wird spekuliert, dass bei ihnen die Polygynie verbreitet war. Vermutlich hat dieser lange Zeitraum auch heute noch Einfluss auf unser Verhalten. Aber nicht alle Gene, die damals für das Überleben wichtig waren, sind es noch in einer modernen Gesellschaft.

43 Für Sperber und andere Greifvögel dient das eigentliche Brutrevier allerdings nur zum Brüten, ihr Nahrungsrevier ist viel größer. Auch bei koloniebrütenden Arten wie Seeschwalben, Möwen, Tölpeln und Lummen dient das Brutrevier ausschließlich zum Brüten. Ihre Reviere sind

sehr klein, und benachbarte Paare brüten manchmal nur eine Schnabelweite entfernt. Verallgemeinernd kann man daher ein Revier als eine Fläche betrachten, die von einem Individuum oder einer Gruppe verteidigt wird. In vielen Populationen leben auch fortpflanzungsreife Individuen, denen es nicht gelang, einen Partner zu finden oder ein Revier zu etablieren. Sie dienen als »Populationsreserve«. Wenn bei einem Brutpaar ein Partner ausfällt, springen Individuen aus der Reserve ein und helfen mit, eine Brut erfolgreich zu beenden, auch wenn sie nicht ihren eigenen Nachwuchs aufziehen.

44 Bei einigen Arten (zum Beispiel bei Hühnervögeln, Fregattvögel) zeigt sich dieser Geschlechtsdimorphismus auch in auffällig gefärbten Hautpartien, die zur Anlockung der Weibchen präsentiert werden. Bekannt sind die roten aufgeblasenen Kehlsäcke der Fregattvogelmännchen, die auf Fregattvogelweibchen offensichtlich sehr anziehend wirken.

45 In Australien, wo sich die Singvögel vor rund 40 Millionen entwickelten, singen meist Männchen und Weibchen, oft im Duett. Das gilt auch für viele Singvögel in den Tropen. Bei den Arten der Nordhemisphäre hat offenbar eine Arbeitsteilung stattgefunden; hier singen fast nur noch die Männer.

46 Viele Säugetiere (zum Beispiel Dachse, Marder) hinterlassen über ihren Urin, Kot oder spezielle Duftdrüsen permanent Duftsignale, wenn sie durch ihre Reviere patrouillieren. Kaninchen besitzen Duftdrüsen am Kinn und am After. Antilopen produzieren Duftmarken über spezielle Voraugendrüsen und markieren damit Zweige und Bäume, an denen sie vorbeikommen. Galagos harnen in ihre Handflächen und hinterlassen damit beim Herumklettern eine Duftspur.

47 Der Geruchssinn ist im männlichen Geschlecht manchmal anders ausgeprägt als im weiblichen. Menschenfrauen riechen beispielsweise Moschussubstanzen, solange sie sich noch nicht in der Menopause befinden; Männer riechen diese Substanzen dagegen kaum, wohl aber, nachdem sie mit dem weiblichen Sexualhormon Östrogen behandelt wurden. Außerdem haben Untersuchungen gezeigt, dass die Sensitivität für Gerüche während des Ovulationszyklus schwankt. Dies liegt wohl daran, dass Rezeptoren für Gerüche nur eine kurze Lebensdauer haben und regelmäßig neu gebildet werden.

48 Schon Charles Darwin grübelte über das imposante Schwanzgefieder des Pfaus, das bei der Balz zu einem imposanten Rad geschlagen wird. »The sight of a feather in a peacock's tail, whenever I gaze it, makes me sick!« Zum Argusfasan, deren Männchen ein besonders prachtvolles Balzkleid tragen, bemerkte Darwin: »There is good evidence that the most refined beauty may serve as a sexual charm, and for no other purpose.« Schönheit des Gefieders und des Gesangs könnten demnach weitere Kriterien sein, nach denen Vogelweibchen ihren Partner wählen. Für Charles Darwin existierte neben der natürlichen Selektion auch die ästhetische Selektion. Bei der ästhetischen Selektion sind zwei Parteien im Spiel, die Männchen, die Schönheitsmerkmale (Gesang, Balz, Prachtgefieder) präsentieren, und die Weibchen, die diese Merkmale schön finden. Damit das alles passt, muss es eine Art Koevolution gegeben haben. Ästhetik und Schönheit sind natürlich subjektive Empfindungen. Der amerikanische Ornithologe und Evolutionsforscher Richard Prum nimmt wie Darwin an, dass nicht nur wir Menschen einen Sinn für Ästhetik haben, sondern auch die Tierwelt, zumindest die Wirbeltiere. Er vermutet, dass die Damenwahl und der unterschiedliche Geschmack der Weibchen der Grund dafür sind, dass es bei vielen Vogelarten zu einer Explosion der Gefiederfarben und Balzvarianten kam. Im Falle des im südlichen Afrika lebenden Hahnschweifwebers (*Euplectes progne*) wurde experimentell getestet, ob die Weibchen »schöne« Männchen bevorzugen. Der schwedische Ökologe Malte Andersson fing 36 Männchen dieser promisken Vogelart, die sich durch extrem lange und auffällige Schwanzfedern auszeichnen. Bei dieser Art brüten die Weibchen alleine. Bei der Hälfte der Männchen hatte er die Schwanzfedern künstlich verkürzt, bei den anderen um die Hälfte verlängert. Wie er feststellte, konnten die Männchen mit verkürzten Schwänzen deutlich weniger Weibchen befruchten; umgekehrt hatten die langschwänzigen Männchen einen höheren Bruterfolg. Dieses Experiment belegt, dass Weibchen wählerisch sind und sich in diesem Fall längere Schwanzfedern, die als attraktiv gelten, auszahlen.

Es wird seit Darwin diskutiert, dass die Damenwahl zu besonders kräftigem und attraktivem Nachwuchs führt, der seinerseits einen höheren Reproduktionserfolg aufweist. Das geht aber nur, wenn viele der Schönheitsmerkmale erblich sind. Dieser Sachverhalt wird in der Fachwelt als

»Sexy son«-Hypothese bezeichnet. Nehmen wir den Pfau als Beispiel: Wenn die Pfauendamen immer nur die Männer mit dem größten Sex-Appeal, also dem schönsten Pfauenrad erwählen, würde dieses Merkmal selektiert und an die Söhne vererbt. So entstehen Söhne und Enkel, die immer attraktiver werden. Irgendwann werden aber die Kosten für diesen Luxus zu groß, weil die »sexy sons« vermehrt von Feinden gefressen werden. So hat auch diese Selektion (auch als *Fisher runaway process* bezeichnet) ihre Grenzen.

49 Etwas zur Aufheiterung: Betrachtet man den genetischen Abstand zwischen Mann und Frau und zwischen Mann und Schimpanse, so sind Menschenmänner mit Schimpansenmännern näher verwandt als mit Menschenfrauen. Jedoch besitzen wir 23 Chromosomenpaare, die Menschenaffen ein Chromosomenpaar mehr. Offenbar ist unser Chromosom 2 aus der Fusion von Chromosom 2a und 2b entstanden.

50 Schimpanse, Bonobo und Mensch sind so eng miteinander verwandt, dass aus taxonomischer und evolutionsbiologischer Sicht immer wieder gefordert wird, alle drei Arten in einer gemeinsamen Gattung *Pan* zu platzieren. Damit würde *Homo sapiens* zu *Pan sapiens*. Diese Neuklassifikation wäre aus naturwissenschaftlicher Sicht sinnvoll, wird aber wohl am Widerstand von Kultur- und Humanwissenschaften scheitern.

51 Auf diese Weise wird offensichtlich eine Inzuchtdepression vermieden. Obwohl Schimpansen und Bonobos vor allem Früchtefresser sind, haben sie gelegentlich offenbar Appetit auf Fleisch. Bei den Schimpansen gehen die Männer auf Jagd (vor allem auf andere Primaten), und die Beute wird bei Erfolg untereinander geteilt. Bei den Bonobos jagen Männer und Frauen hingegen gemeinsam.

52 Diese Paarungshaltung galt bis Mitte des vorigen Jahrhunderts als ausschließlich menschliche Errungenschaft, die »primitiven Völkern« von den Weißen erst beigebracht werden musste, daher »Missionarsstellung«.

53 Dominante Weibchen weisen häufig einen größeren Fortpflanzungserfolg auf als rangniedrige. Bei Ressourcenmangel kann es sogar zu einer Unterdrückung der Fortpflanzung von rangniedrigen Weibchen kommen. Ein besonders eklatantes Beispiel für weibliche Dominanz sieht man bei den Hyänen und Nacktmullen, die im Matriarchat leben. Weibliche Konkurrenz spielt auch dann eine Rolle, wenn Männchen die

Qualität des Weibchens bei der Partnerwahl beurteilen, weil sie einen großen Beitrag zum elterlichen Investment liefern sollen.

54 Diese Androgene scheinen jedoch nichts mit der Maskulinisierung der weiblichen Geschlechtsorgane zu tun zu haben, die schon in einem viel früheren Stadium geschieht.

55 Oft werden auch die Damara-Graumulle (*Fukomys daramensis*) als eusozial bezeichnet, doch während bei den Nacktmullen weniger als ein Prozent der Tiere zur Fortpflanzung kommt, sind es bei den nahe verwandten Graumullen immerhin zehn bis 15 Prozent.

56 Über die Gründe wird spekuliert – vielleicht kann das dünnere Weibchen dem Blutstrom, auf sich gestellt, nicht so gut widerstehen und wird auf Nimmerwiedersehen im Kreislauf davongetrieben.

57 Diphyllobothriasis: Der Befall kann beim Menschen zu unspezifischen Bauchbeschwerden, Durchfall und Gewichtsverlust, aber auch zu einem Mangel an Vitamin B12 und dadurch zu Blutarmut führen; dazu kommen Entzündungen und Immunreaktionen auf die unzähligen Eier des Wurms. Zum Glück lässt sich die Infektion mit Anthelminthika wie Praziquantel gut behandeln.

58 Interessanterweise gibt es eine Variante in der Vogelwelt. Die Männchen des Kampfläufers weisen imposante Brutkleider auf, deren Ausprägung von Testosteron abhängt. Sie versammeln sich auf gemeinsamen Balzplätzen (Leks) und werben um die Gunst der Weibchen, die ein Schlichtkleid tragen. Unter den Hähnen verstecken sich aber auch fortpflanzungsfähige Männchen im Schlichtkleid, die wie Weibchen aussehen (»Weibchen-Mimikry«). Während die Prachtmännchen ihre Schaukämpfe absolvieren, stellen diese getarnten Männchen den Weibchen nach und paaren sich mit ihnen.

59 Und wie funktioniert das? Beide Geschlechter besitzen Eierstock- wie auch Hodengewebe in unterschiedlichem Verhältnis. Einige Keimzellen im Ovar bewahren offenbar die Fähigkeit, sich in weibliche oder männliche Keimzellen, Eier oder Spermien, zu verwandeln, je nach dem Östrogenspiegel: Bei einem hohen Spiegel entstehen Weibchen, bei einem niedrigen Spiegel Männchen.

60 Bei der Fortpflanzungslotterie spielt aber noch ein weiterer Faktor eine Rolle, und das ist die Persönlichkeit der beteiligten Vögel. Wie sich gezeigt hat, ist der Bruterfolg von Duos und Trios dann besonders groß,

wenn sich ein forsches Männchen und ein eher »schüchternes« Weibchen zusammenfinden. Solche Männchen sind besonders gute Versorger und spielen bei einem Trio auch immer die Rolle des Alphamännchens, paaren sich also häufiger mit dem Weibchen als Betamännchen. Warum diese Kombination besonders erfolgreich ist, darüber kann man nur spekulieren. Vielleicht verbessert ein »ausgleichendes« Weibchen die Stimmung in einer Zweier- oder auch Dreierbeziehung und fördert so die gemeinsame Zusammenarbeit bei der Aufzucht der Brut. Fazit: Neben ökologischen Faktoren spielen Charakter und Persönlichkeit bei geselligen Arten sicherlich eine nicht zu unterschätzende Rolle für soziale Beziehungen, Partnerschaften und Fortpflanzungserfolg in einer Population – nicht nur bei Heckenbraunellen.

61 Eine Ausnahme bildet *Homo sapiens*, der über eine »verdeckte Ovulation« verfügt; bekanntlich kann sich unsere Art jederzeit paaren, und Menschenfrauen bilden keine Brunstschwellungen aus, um Paarungsbereitschaft zu signalisieren. Die Ovulation ist nicht offensichtlich und wird selbst von Frauen meist nicht direkt wahrgenommen. Über die Bedeutung des versteckten Eisprungs wird diskutiert, unter anderem als Strategie, um den Mann im monogamen Paarverbund zu binden und seine Vaterschaft zu sichern. Denn die Männer werden für die langjährige Aufzucht der Kinder benötigt. Einen versteckten Eisprung gibt es nicht nur beim Menschen. Man findet ihn auch bei 32 von 68 anderen Primatenarten. Bei 18 Arten ist der Östrus gut sichtbar (Pavian, Schimpanse), bei weiteren acht Arten (Gorilla) nur ein wenig. In diesem Datensatz waren elf Arten monogam, 34 promisk und 23 polygyn mit Haremssystem. Von elf monogamen Arten zeigten zehn eine verdeckte Ovulation, während 14 von 18 promisken Arten Brunstschwellungen im Östrus bildeten. Betrachtet man die Phylogenie des Menschen, so teilen wir mit den Gorillas, deren Ovulation leicht verdeckt abläuft, einen gemeinsamen Vorfahren. Daher könnte die verdeckte Ovulation stammen, aber frühere Vorfahren hatten verdeckte und offene Ovulation. *Homo-sapiens*-Frauen haben bei der Lotterie des Lebens insofern Glück gehabt, dass sie keine monatlichen Brunstschwielen ausbilden.

62 In Ausnahmefällen kann der Abstand auch viel größer sein, zum Beispiel bei Albatrossen, die nach der Kopulation wochenlang zur Nahrungssuche unterwegs sind.

Anmerkungen 223

63 Spermien können im Eileiter in speziellen Speichersäckchen über längere Zeit gespeichert werden. Wenn das Eifollikel platzt, wird die Eizelle in den oberen Teil des Eileiters überführt, der als Infundibulum bezeichnet wird. Dort trifft sie auf Hunderte und mehr Spermien. Innerhalb von 15 Minuten erfolgt die Befruchtung des Eis. Dann wird es von einer Eihülle umschlossen, sodass keine weiteren Spermien eindringen können.

64 Die Vermeidung von Inzest scheint in menschlichen Kulturen eine große Rolle zu spielen. Offenbar gibt es so etwas wie ein Inzesttabu, das verhindert, dass sich Geschwister paaren. Man hat beobachtet, dass Kinder, die schon im Babyalter zusammen aufwachsen, zum Beispiel in einem Kibbuz, später Partner nicht dort suchen, sondern außerhalb. Dies wird als Westermark-Effekt bezeichnet. Es gibt Hinweise darauf, dass auch bei Makaken und anderen Primaten, zum Beispiel Gorillas, ein Inzesttabu vorhanden ist. Einige Vögel kennen aber offenbar kein Inzesttabu: Bei Untersuchungen zum Gelbschnabelsturmtaucher in Brutkolonien in der Ägäis konnten wir (Dietrich Ristow, Coralie Wink, MW) durch Beringung zeigen, dass es nur in wenigen Fällen zu Geschwisterpaarungen oder Mutter-Sohn-Paaren kam. Bezogen auf die Gesamtpopulation lag der Anteil der Inzestbruten deutlich unter 0,5 Prozent. Andere Tierarten haben dagegen damit weniger Probleme, wie das Milbenbeispiel zeigt.

65 Übrigens – dass Ritter, die zum Kreuzzug aufbrachen, ihre Frauen zwecks Abstinenz mit so einem Gebinde versahen, gilt heute als Mythos à la »finsteres Mittelalter«. Keuschheitsgürtel sind wohl eine Erfindung der Renaissance, und richtig populär wurden sie erst im 19. Jahrhundert als Onanieverhinderer.

66 Anschließend tötet er in der Regel alle von seinem Vorgänger gezeugten Jungtiere, die noch nicht abgestillt sind. Dieser Infantizid passt vielleicht nicht gut ins Bild des vegetarischen »sanften Riesen«, sorgt aber dafür, dass die Mütter schneller wieder empfängnisbereit werden, und erhöht damit den Fortpflanzungserfolg des neuen Haremseigners.

67 Bei Bonobos (*Pan paniscus*) paaren sich die Weibchen ebenfalls mit vielen Männchen (siehe Seite 68 ff.), und Bonobomännchen sind ähnlich ausgestattet wie Schimpansenmännchen.

68 Dass eine solche Selektion funktionieren kann, sieht man bei der Domestikation des Haushundes. Die wölfischen Vorfahren waren hochgradig aggressiv. Durch gezielte Zuchtwahl, bei der man immer wieder die weniger aggressiven Individuen zur Nachzucht heranzog, konnte man in vergleichsweise wenigen Generationen eher friedfertige Haushunde selektieren.

69 Im Vergleich zu Gorilla und Schimpansen gelten Menschenmänner als weniger gewaltbereit, altruistischer und sozialer. So finden wir bei unserer Art nur sehr selten Infantizide, die bei Schimpansen und anderen Primaten ein Grund für die hohe Kindersterblichkeit sind. Während der Herrschaft eines Männchens tritt im Gorilla-Harem üblicherweise kein Infantizid auf, da der Pascha potenzielle Kindsmörder vertreibt. Wenn er jedoch abgelöst wird, kann es vorkommen, dass der neue Haremschef bis zu 30 Prozent aller Junggorillas tötet, damit die Mütter wieder in den Östrus kommen und neu von ihm befruchtet werden können. Da dies regelmäßig auftritt, sind Primatengesellschaften häufig nicht besonders stabil, sondern dynamisch. Bei den Schimpansengruppen, in denen mehrere Männchen mit vielen Weibchen zusammenleben, ist aggressives Verhalten nicht selten. Eine Strategie der Schimpansenfrauen besteht offenbar darin, dass sie sich mit allen Männern paaren, vor allem mit den dominanten und aggressiven. Es wird spekuliert, dass die Frauen auf diese Weise einem Infantizid vorbeugen wollen, der bei Schimpansen durchaus vorkommt. Denn diese Männer hätten sicher gewisse Hemmungen, ihren möglicherweise eigenen Nachwuchs umzubringen. Infantizid hat es auch in der menschlichen Geschichte immer gegeben – von Männer-, aber auch von Frauenseite: Man denke nur an die sprichwörtliche Figur der »bösen Stiefmutter«, die ihren Fortpflanzungserfolg durch Ausschalten von Stiefkindern erhöht und wohl keine reine Märchenfigur ist.

70 Die Partnersuche kann für die Männchen nicht nur gefährlich, sondern auch körperlich erschöpfend sein. Ein eindrucksvolles Beispiel liefert der australische Zwergbeutelmarder (*Dasyurus hallucatus*), denn seine Männchen überleben die Partnersuche nur eine Saison. Die einzellebenden Männchen sind ständig unterwegs, um sich mit möglichst vielen Weibchen zu paaren. Dabei legen sie täglich bis zu zehn Kilometer zurück, schlafen kaum und vernachlässigen ihre Fellpflege. Schlaf-

mangel, Parasiten, Unachtsamkeit und Erschöpfung führen dazu, dass die Männchen nur eine Fortpflanzungssaison überleben, während die Weibchen über vier Jahre alt werden können.

71 Aristoteles kannte schon die Nachteile von Sex-Exzessen und schloss daraus, dass viel Sex schlecht für das Überleben und die Gesundheit wäre. Ganz falsch lag er wohl nicht: Bemerkenswerterweise leben Kastraten bei Mensch und Tier um zehn bis 20 Prozent länger als sexuell aktive Tiere. Die Brunft ist für die Hirschmännchen ein risikoreicher und stressiger Prozess; man schätzt, dass ein Hirsch in dieser Zeit etwa 25 bis 30 Prozent seiner Körpermasse verliert. Ähnliche Zahlen wurden für die in den Alpen und Pyrenäen lebenden Gamsböcke (*Rupicapra rupicapra*) ermittelt. Auch See-Elefantenbullen (siehe Seite 65 ff.) büßen durch ihr aufwendiges Fortpflanzungsverhalten bis 36 Prozent ihrer Körpermasse ein.

72 Nicht nur Spinnen sind raffiniert: Auch für die Männchen der Tanzfliegen (Gattung *Empis*) gilt, dass es klüger ist, den Weibchen vor der Paarung ein Beutegeschenk zu überreichen. So ist das Weibchen beschäftigt und frisst seinen Partner nicht. Die Männchen kennen auch den Trick, die Beute vorher einzuspinnen, damit das Auspacken länger dauert.

73 Die Behauptung, *Cimex*-Männchen würden ihr Sperma auch in männliche Artgenossen einspritzen, dieser Spendersamen würde in die Hoden der Empfänger wandern und später von ihnen ejakuliert werden, gehört übrigens eindeutig ins Reich der zoologischen Mythen, aber wir verdanken ihm eine wunderbare Wortschöpfung – »Ejakulationsparasitismus«.

74 Bettwanzen saugen bei ihren menschlichen Wirten zwar Blut und sind damit Ektoparasiten, übertragen dabei aber offenbar keine Krankheitserreger – und das ist ein Glück, denn in ihrem Darm sind unter anderem antibiotikaresistente Staphylokokken (MRSA) gefunden worden. Ihre Stiche können jedoch üble Quaddeln, Hautausschlag, allergische Reaktionen und psychische Probleme hervorrufen – wer möchte sein Bett schon mit solchen Typen teilen?

75 »Kuckuckskinder« können bei in Monogamie lebenden Menschen angeblich zwischen zwei und 30 Prozent ausmachen. Obwohl Geschichten über »One-Night-Stands« gerne kolportiert werden, sind in vielen Län-

dern mehr als 95 Prozent aller Paare nicht nur sozial, sondern auch genetisch monogam und ziehen ihren Nachwuchs gemeinsam auf, was jedoch nicht bedeutet, das Menschenfrauen nicht fremdgingen. Woher kommt der Begriff »Kuckuckskinder«? Einige Tierarten ziehen ihren Nachwuchs nicht selbst auf, sondern schieben ihre Eier Brutpaaren von anderen Wirtsvögeln unter. Etwa ein Prozent aller Vogelarten nutzt diese Strategie. Bekannt ist dieses Verhalten beim heimischen Kuckuck, den afrikanischen Witwenvögeln und amerikanischen Stärlingen. Die Eier des Kuckucks sind klein und hartschalig und können vom Kuckucksweibchen im Schnabel transportiert werden, denn es legt die Eier gewöhnlich nicht direkt in ein Wirtsvogelnest (das meist zu klein wäre), sondern auf den Boden. Die Kuckuckseier entwickeln sich sehr schnell; die Embryonalentwicklung beginnt schon 24 Stunden vor der Eiablage. Die Eifarbe, die den Eiern der Wirtsarten angepasst ist, wird nur von den Weibchen und nicht von den Männchen vererbt.

76 Nicht nur Schmetterlinge werden von *Wolbachia* infiziert und sexuell in vielerlei Weise manipuliert. Dieses Bakterium ist einer der erfolgreichsten Parasiten der Welt; mindestens drei Viertel aller getesteten Gliederfüßerarten – also Insekten, Spinnen- und Krebstiere –, aber auch Würmer wie Nematoden gehören zu seinen Wirten. *Chapeau!*

77 In Deutschland weisen rund 50 Prozent der Bevölkerung Antikörper gegen *Toxoplasma* auf (bei den über 70-Jährigen sind es sogar 70 Prozent, haben sich also irgendwann einmal mit dem Erreger infiziert). Wir Menschen sind zwar ein Fehlwirt, weil wir in der Regel nach unserem Tod nicht im Katzennapf landen, doch das schützt uns nicht davor, dass dieser winzigen Strippenzieher auch unsere Psyche in vielfältiger und erstaunlicher Weise beeinflussen kann.

Register

A

Acanthophis antarcticus 27
Acarophenax 114
Acraea 168 f., 186
Acrocephalus paludicola 98
Adactylidium 113
Adineta vaga 36
Afrocimex constrictus 156
Alarmpheromon 154
Albatros 223
Alkaloide 130 ff., 179
Allel 112, 182
Alphamännchen 104, 120, 185
Alytes obstetricans 150
Amazonen-Molly 47 ff., 189 ff.
Ameisen 56, 59, 184
Amöben 15, 209
Amphiprion 90
Anas platyrhynchos 151
Androgene 77, 147
Anemonenfische 90, 184, 194
Antilopen 219
Aphrodisiakum 130
Apollofalter 116
Apomixis 34, 42, 188
Arenabalz 104
Argiope aurantia 137
Argonauta argos 162
Argusfasan 219
Aristoteles 218, 225
Atlantikkärpfling 48, 50, 185
ATP 171

Auslese, natürliche 20, 190
Australopithecinen 123
Autogamie 87
Autosomen 18, 179

B

Balz 109, 147, 179
Balzfüttern 62
Balzplätze 222
Balztanz 145
Bandwürmer 188
Bärenspinner 131 ff.
Bateman-Prinzip 142, 146, 179
Baumsteigerfrosch 150
Beach Master 65 f.
Befruchtung 180
Befruchtung, äußere 22, 54, 145, 180
Befruchtung, innere 23, 54, 145, 163, 180
Belohnungszentrum 175
Besamung, traumatische 154 f., 180, 192
Betamännchen 104
Bettwanze 141, 153 ff., 192, 226
Beutegreifer 190
Bienen 56, 59
Bilharziose 86
Bilharz, Theodor 86
Bindungshormon 57
Biolumineszenz 171
Birkhuhn 186
Blasenfüße 113

Blasenkäfer 129
Blatthühnchen 147
Blattläuse 41, 188
Blaukopf-Junker 93, 104, 117, 187, 192
Blaustreifengrundel 93
Bonbons 127
Bonobo 54, 68 f., 71 f., 190, 192, 214, 221, 224
Botenstoff 189
Brautgeschenk 127, 130, 138
Brautwerbung 131
Breitflossenkärpfling 48, 185
Breitfußbeutelmäuse 123
Breitkopfkärpfling 50
Brunst 187
Brunstschwellung 223
Brustdrüse 28
Brutkleid 61
Brutpflege 165, 187
Brutrevier 218
Bufo bufo 148
Buntbarsche 165
Burmesha 209

C

Caenorhabditis elegans 33
Cantharidin 129 f., 180
Chlamydera maculata 103
Chlamydera nuchalis 105
Chromosomensatz 186
Chromosomensatz, diploider 21
Chromosomensatz, doppelter 21
Chromosomensatz, einfacher 21
Chromosomensatz, haploider 21
Cimex lectularius 153
Clownfische 90

Coolidge, Calvin 174
Coolidge-Effekt 58, 174
Cortisol 123
Corydoras aeneus 164
Creatonotos transiens 132
CRISPR-Cas 210
Crocuta crocuta 74, 186, 188
cryptic female choice 67, 128
Cuvier, Georges 163

D

Dachs 219
Dajak-Flughund 29
Damara-Graumull 222
Damenwahl 63, 65, 67, 103
Darwin, Charles 9, 58, 63, 65, 134, 180 f., 220
Darwinismus 180
Dascyllus aruanus 96
Dasselfliegen 187
Dasyurus hallucatus 225
Dawkins, Richard 182
Delfine 193
Dendrobates auratus 150
Dennett, Daniel 14
Desoxyribonucleinsäure 180
Dinosaurier 38
Diphyllobothriasis 222
Diphyllobothrium latum 87
Diplogonoporus balaenopterae 88
DMRT1 19
DNA 181
DNA-Fingerprinting 98, 101, 181
Dobzhansky, Theodosius 9
Dolomedes tenebrosus 138
Domestikation 214, 224
Dopamin 28, 175

Dreibinden-Preußenfisch 96
Duettgesang 62
Duftdrüsen 219
Duftsignale 219

E

Eier 16
Eierstock 26, 222
Einhäusigkeit 34
Eintagsfliegen 215
Eisprung, versteckter 223
Eizellen 16, 180f., 184
Eizellen-Spermien-Verhältnis 146
Ektoparasit 188
Ektoparasitismus 181
Elefant 212
Embryonalentwicklung 212
Empathie 187
Empfängnisbereitschaft 107, 124, 175
Empis 226
Endoparasit 87, 168, 188
Endoparasitismus 83, 181
Endosymbiose 211
Endwirt 83
Enten 151
Erdkröte 148f.
Erdmännchen 186
Euplectes progne 220
Eusozialität 59, 79, 181, 218
Evolutionstheorie 20, 181
extra-pair copulation 101

F

Fadenwurm 33
Fangspinne, Dunkle 138
female choice 63, 180

Feuerameise 20
Feuerkäfer 130
Feuersalamander 179
Ficedula hypoleuca 97
Fischbandwurm 87
Fisher runaway process 221
Fission-Fusion-Gesellschaft 68, 74
Fitness, inklusive 215
Fleckenlaubenvogel 103
Flöhe 188
Flughund 29
Folwell, Megan 27
Fortpflanzung 181
Fortpflanzung, asexuelle 217
Fortpflanzung, bisexuelle 188
Fortpflanzung, eingeschlechtliche 17, 188
Fortpflanzungserfolg 53, 179, 190, 209
Fortpflanzung, sexuelle 181
Fortpflanzungslotterie 222
Fortpflanzung, suizidale 124
Fortpflanzung, ungeschlechtliche 15, 193
Fortpflanzung, unisexuelle 188
Fortpflanzung, zweigeschlechtliche 16f., 188, 190
Fregattvogel 219
Fressfeind 190
Frühbegattung 115
Fukomys daramensis 222

G

Galagos 219
Gameten 184
Geburtshelferkröte 150, 209
Gehäuseschnecken 32

Gelbschnabelsturmtaucher 224
Gelegegröße 182
Gene 182
Genediting 210
Gene, egoistische 182
Genegoismus 159, 161, 182
Gen-Elimination, paternale 114
Generationswechsel 41, 43, 170, 182
Gene, rezessive 112
genetische Variabilität 10
Genitalschwellung 73
Genmutationen 16
Genommutationen 16
Gentransfer, horizontaler 37, 183
Geruchssinn 219
Gesamtfitness 215
Geschlecht, biologisches 8
Geschlechter 7, 12, 22
Geschlechterverhältnis 211
Geschlechtsbestimmung, polygenetische 183
Geschlechtschromosomen 17 ff., 179, 183, 210
Geschlechtsdimorphismus 55, 65, 73, 84, 118, 134, 139, 158, 162, 183, 188
Geschlechtshormone, männliche 77
Geschlechtsorgane, männliche 23
Geschlechtsorgane, weibliche 26
Geschlechtswechsel 89, 91, 95 f., 184, 189
Geschlechtszellen 16, 181, 184
Gesellschaftssystem, matriarchales 56
Gesellschaftssystem, patriarchales 56
Gewalt, männliche 148
Gift 129, 131
Gir-Löwinnen 160
Gliederfüßer 109
Glühwürmchen 171, 187
Gonaden 31
Gonosomen 17 f., 183
Gorilla 54 f., 118 f., 189, 192, 223 ff.
Gottesanbeterin 133 f.
Graulaubenvogel 105
Größenvorteilsmodell 96, 184
Großfamilie 58
Großtrappe 186
Gruppenvergewaltigung 151
Gynogenese 48, 217

H
Hahn 216
Hahnschweifweber 220
Halbseitengynander 216
Hamletbarsche 94
Handicap-Prinzip 64
Haplodiploidie 184
Harem 121, 158
Haremsfamilie 58
Haremssystem 55, 65, 118, 160, 188 f., 223
Haushund 224
Heckenbraunelle 99 f., 212, 223
Heinroth, Oskar 213
Hektokotylus 163, 184
Heliconius 115
Helix pomatia 216
Hemiklitoris 27
Hemipenis 24, 27

Hermaphrodit 32, 85, 185, 194
Hermelin 116, 193
Herodesbakterium 168
Hesiod 213
Heterocephalus glaber 79
Heterosis-Effekt 51, 185
Heterozygotie 50, 185
Hippocampus 148
Hippocampus zosterae 147
Hirsch 226
Hoden 222
Hodengröße 117
Hodensack 23, 25
Homo sapiens 46, 121, 123, 161, 175, 192, 209, 212, 214, 216, 223
homosexuelle Beziehungen 28
Homozygotie 185
Hornvögel 109
Hyänen 54, 73, 221
Hybride 185
Hybridisierung 51
Hypersexualität 59
Hypoplectrus 94

I

Illusion, optische 106
Iltis 213
Immunsystem, adaptives 47
Immunsystem, angeborenes 47
Infantizid 120, 122, 148, 158, 160 f., 185, 224 f.
Infundibulum 224
Insekten, staatenbildende 181, 189
Insemination, traumatische 157
Investment, mütterliches 159
Investment, väterliches 129, 131
Inzest 114, 224

Inzuchtdepression 112, 114, 185, 221

J

Jacana 56
Jungfernzeugung 34, 42 f., 188, 217

K

Kampfläufer 186, 192, 222
Kaninchen 219
Kannibalismus 114, 139
Kannibalismus, intrauteriner 139
Kannibalismus, sexueller 134 f., 138 f.
Kaspar-Hauser-Versuch 213
Katze 170
Kehlsack 219
Keimruhe 214
Keimzellen 184
Keuschheitsgürtel 115, 192, 224
Kindersterblichkeit 225
Kindstötung 120, 158, 160
Klammerreflex 149
Klitoris 26 f.
Kloake 26, 40, 185
Kloakenkuss 40, 153, 186
Kloakenpicken 101
Klon 188
Kondor, Kalifornischer 35
Konsekutivzwitter 90, 96, 186
Kopulation 23, 213
Kopulationsdauer 30
Kopulationsrad 111
kopulatorischer Selbstmord 135
Kräuselradnetzspinne 136
Kryptolebias marmoratus 95
Kuckuck 227

Kuckuckskinder 98, 103, 161, 226
Küssen 164

L

Lachs 22, 31, 215
Lamprohiza splendidula 171
Langlebigkeit 103
Latrodectus hasellti 136
Latrodectus tredecimguttatus 135
Laubenvögel 103
Läuse 188
Laysanalbatros 31
Lebens-Fortpflanzungserfolg 12
Lek 222
Lemuren 186
Leuchtkäfer 171 f.
Libellen 111
Libido 28
lifetime reproductive success 12, 190
Lippfische 92 f., 194
Listspinne 138
Lorenz, Konrad 30, 214
Löwe 29, 54, 157, 159 f., 170, 182
Löwinnen 158, 160
Luciferase 171
Luciferin 171
Lymnaea stagnalis 175
Lythrypnus dalli 93
Lythrypnus pulchellus 93
Lytta versicatoria 128

M

Macrosiphum rosae 42
Maikäfer 31, 214
Makrosmatiker 63
male choice 180
Malurus cyaneus 99

Mangroven-Killifisch 95
Männchenwahl 180, 186
Mantis religiosa 134
Mao Zedong 86
Marder 219
Maskulinisierung 76, 186
Masturbation 28
Mate Guarding 109, 116
matriarchales Gesellschaftssystem 56
Matriarchat 69 f., 73, 79, 186, 221
Maulbrüter 165
Maulbrüter, Vielfarbiger 165
Meerkatze 25
Meiose 42, 186
Menopause 32, 215
Mensch 54, 59, 121, 221
Menschenaffen 214
Microtus oregoni 210
Mikrosmatiker 63
Milben 113
Mimikry 92, 186
Mimikry, innerartliche 165
Mischerbigkeit 50
Mischling 185
Mitgift 129
Monogamie 56 f., 102, 121, 151, 187
Monogamie, serielle 94
Monogamie, soziale 58, 101, 187
Mornellregenpfeifer 186
Mutterfamilie 58

N

Nachtaffe 54
Nacktmull 56, 79 ff., 186, 221
Nacktschnecken 32
Nahrungsrevier 218

Nasenfrosch 150
Neoaves 40
Neopyrochroa 130
Neotrogla 166
Nestflüchter 54, 218
Nüsslein-Volhard, Christiane 7
Nymphe 42, 187

O

Ockhams Rasiermesser 22
Ölkäfer 180
Olsen, Marlow 35
optische Illusion 106
Orang-Utan 120, 193
Orgasmus 26 f., 213
Östrogen 145, 216, 219, 222
Östrus 187
Ovar 26
Ovipositor 144
Ovulation 187
Ovulation, verdeckte 223
Oxytocin 57, 187

P

Paarbindung 187
Paarung 23
Paarung, erzwungene 148
Paarungsbereitschaft 108
Paarungssystem 99, 189, 217
Panorpa vulgaris 127
Pan paniscus 224
Panthera leo 157, 160
Panzerwels 164
Papierboot 163
Papierboot, Großes 162
Parasit 187
Parasitismus 194

Parasitismus, sexueller 46
Pärchenegel 83 ff., 188
Parthenogenese 34, 36, 42, 182, 188, 217
Parthenogenese, apomiktische 42, 188
Partnerwahl 188
Partnerwahl, männliche 48
Passionsblumenfalter 115
patriarchales Gesellschaftssystem 56
Patriarchat 69, 188
Pavian 223
Penis 23 ff., 144, 152 f., 166, 212
Penisarm 163
Penisfechten 140
Penisknochen 212
Penis non-protrudens 212
Persönlichkeit 223
Perspektive, erzwungene 105
Pfau 219
Pferd 212
Pflanzen 34
Phallus 23
Phänotyp 189
Pheromone 61, 63, 109, 131 f., 189
Philoponella 137
Philoponella prominens 136
Phoresie 113, 189
Photinus 173
Photocorynus spiniceps 46
Photuris versicolor 173
Phylogenie 189
Pisaurus mirabilis 138
Plasmodium 188
Plastizität, hormonelle 147

Plattwürmer 140 f.
Poecilia formosa 47
Poecilia latipinna 48
Poecilia mexicana 48
Polyandrie 56, 60, 101 f., 189
Polygamie 55, 189
Polygynie 55 f., 59, 102, 121, 189, 218
Polymorphismus 43, 50, 189
Polyspermie 109
Populationsreserve 219
Prachtstaffelschwanz 99
Prädator 112, 189
Prägung 30, 190
Präriewühlmaus 57
Primärmännchen 92, 104, 117
Primärweibchen 97
Progesteron 148
Promiskuität 54, 58, 190
Promiskuität, weibliche 218
Protandrie 90 f., 184, 189
Protogynie 90, 92, 184, 189
Prum, Richard 220
Prunella modularis 99
Pseudoceros furcus 142
Pseudopenis 74 f., 166
Pseudoplacenta 144
Pseudovagina 152
Ptilonorhynchus maculata 103
Puppenpaarung 115
Pyrrolizidin-Alkaloide 132

R
Rädertierchen 36
Rangvererbung, mütterliche 77
Ratten 170, 175
Receptaculum seminis 127

Reduktionsteilung 21
Regenwürmer 32
Reifeteilung 42, 186, 190
Rekombination 21
Reproduktion 181
Reproduktionserfolg 190
Rhamphiophis oxyrhynchus 79
Rhinoderma darwini 150
Rohrweihe 192
Rote-Königin-Hypothese 50, 185, 190
Rotrückenspinne 136
Rupicapra rupicapra 226

S
Samenzellen 16, 181
Sapha amicorum 163
Säuglingsträchtigkeit 117
Schamgefühl 31
Scheide 23
Schimpanse 54, 68 f., 71 f., 120, 175, 190, 192, 214, 221, 223, 225
Schistosoma 83
Schistosoma haematobium 83
Schistosoma japonicum 86
Schistosomiasis 86
Schlammschnecke 175
Schleimpilze 212
Schlüssel-Schloss-Prinzip 109
Schmetterlinge 109, 115, 168
Schnabeligel 185, 194
Schnabeltier 185, 194, 210
Schnecken 216
Schwarze Witwe 135
See-Elefant 55, 65, 192, 226
Seepferdchen 142 ff., 146, 166, 209
Seggenrohrsänger 98

Seidenraupe 217
Seitensprung 174
Sekundärmännchen 92, 117
Sekundärstoffe 179
Sekundärweibchen 98
Selbstbefriedigung 28
Selbstbefruchtung 95
Selektion 20
Selektion, ästhetische 220
Selektion, natürliche 10, 180 f., 190 f., 220
Selektion, sexuelle 184, 190
selfish genes 182
Semelparität 123
Serotonin 28
Sex, erzwungener 76
Sexualdimorphismus 121, 183, 191
Sexualhormone 31
Sexualparasitismus 48, 191
Sexy-son-Hypothese 220
Signal 191
Signale, ehrliche 64
Silberrückenmann 118
Simultanzwitter 90, 95, 191
Singvögel 219
Skorpione 110
Skorpionsfliege 127 f.
Skrotum 23
Sneaker 56, 93, 191
Sommer, Volker 71
sozial monogam 101
Sozialstruktur 181
Sozialstruktur, egalitäre 218
Sozialsysteme 186, 209
Spanische Fliege 128 f.
Spencer, Herbert 209

Sperber 218
Spermalege 154, 156 f., 192
Spermatophore 110, 163, 167, 192
Spermien 16, 180, 184, 192, 223
Spermienkonkurrenz 55, 57, 101, 117 f., 120, 123 f., 192
Sphragis 116, 192
Spinnen 131, 135, 137, 139
Spinophorosaurus nigeriensis 40
SRY-Gen 18, 183, 193
staatenbildende Insekten 189
Stabheuschrecke 37
Stammbaum des Lebens 14
Stammesgeschichte 10, 181
Staubläuse 165
Stockente 151 f., 214

T

Tageslänge 31
Tanzfliege 186, 226
Taufliege 193
Teiresias 213
Termiten 56, 58, 218
Testosteron 80, 123, 170, 183, 193, 212, 222
Thalassoma bifasciatum 92
Tiefsee-Anglerfisch 44 f., 191
Tilapia macrochir 165
Timema 37
Tod 17
Todesotter 27
Toxoplasma 170, 182, 188
Trauerschnäpper 97
Truthühner 35
Tüpfelhyäne 74, 78, 166, 186
Tyrannosaurus rex 39

U

Untreue, weibliche 218
Utetheisa ornatrix 131

V

Vagina 23, 152
Variabilität, genetische 10
Vasopressin 57
Vaterfamilie 58
Vaterschaft 181
Vergewaltigung 76, 148, 193
Vielmännerei 161, 189
Vielweiberei 102, 189
Viviparie 143, 193
Vorfahr, gemeinsamer 74

W

Wale 212
Wanderfalke 30
Waran 217
Wasmannia auropunctata 20
Wasserflöhe 44
Wassertreter 56, 147
W-Chromosom 194
Weibchen-Mimikry 222
Weibchenwahl 63, 180, 186
Weibchenwahl, versteckte 67, 128
Weiberherrschaft 74
Weinbergschnecke 216

Wespen 59
Westermark-Effekt 224
Wirt 187, 194
Witwenvögel 227
Wolbachia 20, 168
Wolf 29, 54

X

X-Chromosom 192, 194
X-Chromosomen 210
XX/X0-System 20
XY-System 18, 183

Y

Y-Chromosom 192, 194, 210

Z

Z-Chromosom 194
Zebrafink 216
Zweihäusigkeit 34
Zwergbeutelmarder 225
Zwergmännchen 163
Zwergseepferdchen 147
Zwillinge, eineiige 21
Zwillinge, zweieiige 21
Zwischenwirt 83
Zwitter 32, 194, 216
Zwitter, simultane 140
ZW-System 183

Die faszinierende Biografie eines vergessenen Wissenschaftlers und was er über das Insektensterben herausfand.

Jean-Henri Fabre (1823-1915) war ein französischer Lehrer, Naturwissenschaftler und Forscher. In einer Zeit, in der Insekten nicht zu den bevorzugten biologischen Untersuchungsobjekten zählten, begann Fabre, Verhaltensforschung mit Insekten zu betreiben. Dies wurde erst spät in seinem Leben gewürdigt, sodass Fabre mit seiner Familie die meiste Zeit ein weitgehend mittelloser Mann war. Stephan Krall erzählt sehr persönlich von diesem außergewöhnlichen und leidenschaftlichen Forscher der Insekten, Spinnen und Skorpione, der es schaffte, nebenbei wissenschaftlich zu publizieren, zu promovieren und Bücher zu schreiben.

Staphan Krall
Vom Leben und Sterben der Insekten
Die Welt des Jean-Henri Fabre
280 Seiten
Gebunden
34,– € [D]
ISBN 978-3-7776-3103-5
E-Book: epub. 31,90 € (D)
ISBN 978-3-7776-3214-8

www.hirzel.de
@hirzel_sachbuch

HIRZEL

S. Hirzel Verlag · Birkenwaldstr. 8 · 70469 Stuttgart · Tel. 0711 2582 341 · service@hirzel.de

»Eine Pflichtlektüre, um über die Auswirkungen des Menschen auf unseren Planeten und ganz allgemein über die Ethik der wissenschaftlichen Forschung und ihrer Anwendung nachzudenken.«

Anna Rita Lago, *Scientificast*

Dank der Genetik können die Genome längst nicht mehr existierender Lebewesen rekonstruiert werden – ein titanisches Wissenschaftsprojekt. Mithilfe von biotechnologischen Methoden soll diese »De-extinction« bald Mammuts wieder die Erde besiedeln lassen.
Massimo Sandal erzählt eine sprachlich exzellente Wissenschaftsgeschichte der Evolution von der langen Geschichte des Lebens auf der Erde bis in seine ferne Zukunft, von der Archäologie über die Geologie bis zur zeitgenössischen Kunst, von der Geschichte der Wissenschaft bis zur Wissenschaft der Zukunft.

Massimo Sandal
Die Melancholie des Mammuts
Ausgestorbene Tierarten und wie sie zu neuem Leben erweckt werden können
264 Seiten
Gebunden
28,– € [D]
ISBN 978-3-7776-3178-3
E-Book: epub. 26,90 € (D)
ISBN 978-3-7776-3227-8

www.hirzel.de
@hirzel_sachbuch

HIRZEL

S. Hirzel Verlag · Maybachstr. 8 · 70469 Stuttgart · Tel. 0711 2582 341 · service@hirzel.de